纵使不敌,也绝不屈服

中信出版集团 | 北京

图书在版编目（CIP）数据

相信 / 蔡磊著. -- 北京：中信出版社, 2023.4（2023.9 重印）
ISBN 978-7-5217-5480-3

Ⅰ.①相… Ⅱ.①蔡… Ⅲ.①人生哲学－通俗读物
Ⅳ.① B821-49

中国国家版本馆 CIP 数据核字 (2023) 第 037014 号

相信
著者： 蔡磊
出版发行：中信出版集团股份有限公司
（北京市朝阳区东三环北路27号嘉铭中心　邮编　100020）
承印者： 宝蕾元仁浩（天津）印刷有限公司

开本：880mm×1230mm 1/32　　印张：9.5　　字数：199千字
版次：2023年4月第1版　　　　　印次：2023年9月第19次印刷
书号：ISBN 978-7-5217-5480-3
定价：59.00元

版权所有·侵权必究
如有印刷、装订问题，本公司负责调换。
服务热线：400-600-8099
投稿邮箱：author@citicpub.com

献给每一个努力生活的人

目录　CONTENTS

推荐序

张定宇
人生没有终点，只有更高的起点 VII

俞敏洪
不灭的光芒 X

陈天桥
相信自己，相信科技，相信未来 XIII

邓亚萍
勇敢的心 XV

冯仑
所有成功都是为不害怕失败的人准备的 XVII

尹烨
相信相信的力量 XIX

刘爽
不啬微芒，方可造炬成阳 XXII

田源
企业家精神2.0 XXIV

王小川
生命的延续 XXVI

周航
人生的每一场遭遇都是一个新的老师 XXVIII

张抒扬
关注罕见病,就是关注我们自己 XXXI

郎永淳
生命最有力量的回答 XXXIV

1 拼命三郎

第一章 不期而遇
"我还得干大事呢!"

"只有这一种可能了"	005
电梯都不愿意等,现在却只能等死	010
后盾	016

第二章 绝望与希望
"蔡大哥如果是癌症就太好了,祝贺!"

"人间地狱"	031
人生倒计时	037
剩下的日子,你要怎么过?	042
我还能做点什么	047

2 堂吉诃德

第三章　最后一次创业
"要挑战，就挑战个大的。"

200 年的谜团	057
当绝症遇上商业逻辑	065
天时，地利，人和	073
"你就是不死心"	081

第四章　见高人，尝百药
"蔡磊，我一定能治好你！"

寻医问药	087
万一呢？	094
从医生到药企	100

第五章　疯狂的石头
"这事只有外星人才能做成。"

链接的力量	113
新技术，新希望	121
神经再生	127
"别折腾了"	131

3 西西弗斯

第六章　习惯了"失败"
"你这是在自杀!"

迷路	145
第二次冰桶挑战	149
分歧	156
痛苦的决定	165

第七章　重新定义希望
"活着本身就有意义。"

战友	175
撞破门,砸开墙	186
将挑战不可能刻进 DNA	189

4 孙悟空

第八章　打光最后一颗子弹
"如果没人做,那么我来做。"

把自己捐出去　　　　　　　　　　205
最初的晨曦,最后的晚霞　　　　　212
旅途　　　　　　　　　　　　　　217

第九章　倒下之前的N件事
"纵使不敌,也绝不屈服。"

"骑自行车上月球"　　　　　　　227
破冰直播　　　　　　　　　　　　234
相信相信的力量　　　　　　　　　241
追光的人　　　　　　　　　　　　246

后记　　　　　　　　　　　　　251
致谢　　　　　　　　　　　　　255

推荐序

人生没有终点，只有更高的起点

张定宇
"人民英雄"国家荣誉称号获得者，湖北省卫生健康委员会副主任，
武汉市金银潭医院前院长

有着渐冻症患者和医生双重身份的我，深深理解这个疾病所带来的痛苦和无奈。所以当最初听到蔡磊先生的故事时，我感到无比的钦佩。

渐冻症，是一种无法逆转的神经退行性疾病，它让身体逐渐丧失力量和控制能力，最终导致患者全身瘫痪、无法自理。这是一种十万人中只有不到两个人罹患的罕见病，而目前对渐冻症的病因仍然不明，治疗也就难觅思路。因此这个病被认为是一种绝症，它不仅带来了极大的身体痛苦，也让患者心理上承受着巨大的压力和挑战，还给家庭和社会带来了沉重的负担和困扰。

然而，我们相信，渐冻症患者也有着强大的内心力量和勇气。我们这群人在与病魔抗争的同时，也在为更多人带来希望和启示。正是因为这样的病痛和挑战，我们更加珍惜对生命的热爱，也更加坚定了抗争的信念。

但蔡磊先生并不仅仅是一个挑战渐冻症的普通勇士，曾经是电商巨头京东集团副总裁的他，得知自己患病后，在病痛的折磨中，却全身心地投入渐冻症治疗和研究中。他利用自己的影响力和资源，搭建数据库，投入科研团队，推动药物研发和临床试验。蔡磊先生甚至宣誓"打光最后一颗子弹"，将遗体捐献给科研。不仅如此，他还发起了渐冻症患者遗体捐献公益事业，让更多人开始认识和关注这个疾病，这为相关科学研究、医疗实践与社会关注带来了更多支持和帮助。这是一场特殊的战争，蔡磊先生在这场人类与疾病之战中，展现了坚韧不拔的精神力量与惊人的勇气。比我更年轻的他，就是我们这个特殊人群的指挥官，我愿当他麾下的一位普通战士。

霍金教授的故事，向我们展示了一个渐冻症患者可以为世界带来的巨大影响，而像蔡磊这样的个体，更是在向我们证明，每一个人，无论身处何境，都有着可以改变这个世界的力量。只要不畏艰难，不放弃希望，你就可以用一己之力为社会做出贡献。

在媒体对我和蔡磊两个人的一场采访中，我曾经开玩笑地说，他在渐冻症公益事业中，很像是一只扑火的飞蛾，知其不可为而为之。其实在我心中，蔡磊先生更像是一颗飞速降落中燃烧的陨星，在短暂的时间里爆发出最大的能量，用生命照亮了茫茫夜空。他是在用最后燃烧的生命之光,为这世间的伤痛疗愈。蔡磊自己的行动证明了:人生没有终点,只有更高的起点。一直被病痛折磨的蔡磊先生,以惊人的毅力写出的这本书会让你明白,人的生命有多么宝贵,也可以有多么坚强。

所以,我必须向蔡磊先生致以崇高的敬意和感谢,感谢他为渐冻症患者和相关科研事业的付出与贡献。同时,我也希望我们能够一起努力,为更多人带来希望和光明,让渐冻症不再是一种无药可救的疾病,让每一个患者都能够得到更多的关爱和更有希望的治疗,让我们一起为这个世界明天更美好而贡献出自己的力量。

不灭的光芒

俞敏洪
新东方教育集团创始人、董事长

蔡磊是京东的副总，中国电子发票的推动者。他今年只有45岁，风华正茂的年龄，前程美好似锦。然而这一切在4年前，戛然而止。

蔡磊是一位渐冻症患者。渐冻症学名为肌萎缩侧索硬化，迄今为止没有任何显著有效的治疗方案。得了渐冻症的人，一般能够活2~5年。蔡磊2019年9月被确诊，至今已经快4年时间。

面对没有希望的疾病，蔡磊没有选择放弃，而是选择了奋斗，坚韧不拔地、不妥协不让步地奋斗。这是一场与绝望的赛跑，一场漫长的寻找希望的旅程！至今，他还在路上。这几年，他团结了很多病友，建立了渐冻症患者大数据平台，联系了很多医学家、科学家，加快了对于渐冻症根源和治疗药物的研究，设立了动物实验基地，成立了信托慈善基金，并留下了遗言，要把遗体捐献给医学研究。为了筹集研究基金，他不顾病体劳累，开启了"破冰驿站"直播间……

他所做的一切早就超出了有限的生命范围，向着无限的生命延伸。作为一个个体，人有的时候是微不足道的，一场疾病、一次意外、一瞬灾难，就能让生命灰飞烟灭；但是，作为一个个体，人的生命也可以无限期地延伸，因为他向人类传递了君子自强、生生不息的信号。作为一个群体，人类之所以能够生存到今天，而且生存得越来越好，不仅仅是因为生育繁衍的天性，更是依靠一代代人不断传递的精神力量和心灵激励。在芸芸众生中，总有一些人，他们就像普罗米修斯一样，即使被铁链锁在峭壁上，每天被鹫鹰啄食内脏，也要把照亮黑暗的火种传递给人类。

蔡磊就是这样的人！

读完《相信》，我已经泪眼模糊。这场意外的、五雷轰顶的疾病，也许最终将夺去蔡磊肉体的生命，但他和疾病抗争的闪亮精神，通过他的所作所为和这本以字为证的图书，将永存人间。他所有的一切努力，尽管也有为自己寻找出路的成分，但绝大部分的行动已经超越了自我，把对众生的慈悲放在了心中。他一心一意努力寻找的，已经不仅仅是针对自己的治疗方案，而是面对渐冻症这个群体的整体解决方案。尽管他极尽财力，到今天也只看到了一点微光，但深入研究的大门已经被他和千千万万的参与者撬开，后续也必将有和他一起共同奋斗的战士出现，让微光变成照亮前行道路的聚光灯。

我和蔡磊还没有见过面。2022年11月，他通过某个朋友和我互加了微信，希望和我对谈。但因为当时的疫情，我们一直没有找到见面的机会。转眼间又几个月过去了，时间对蔡磊来说，是如此的珍贵。上周，他把《相信》的电子版发给我，希望我能够读完后写个简单的序。我读完后毫不犹豫写下了今天的文字。后续等图书出版，我会迅速安排和他进行对谈，并帮助他做我力所能及、能做的一切。

生命，当然应该长寿而健康。但生命的厚重，不在长短，身体也不在好坏，那些能够克服自身的障碍，给人类以巨大的精神力量和希望的人，自己就有福了。因为他们的身上，闪耀着上帝的光芒。

相信自己，相信科技，相信未来

陈天桥
盛大网络董事会主席、CEO，天桥脑科学研究院创始人

生命中的逆境往往会让我们不断地思考人生意义。我们追问的是，为什么我们要经历这些困境？为什么我们要经受这些痛苦？我们该如何摆脱痛苦？人生的终极意义是什么？哪怕我们能够和孙悟空、西西弗斯直面探讨，他们可能也很难对这些问题有明确的答案，而蔡磊的这本书《相信》，在生动讲述他突然面对渐冻症亲身经历的同时，又让我们重新回到了对这些问题的思考，重新探讨相信的力量。

在人类还没有被治愈的致命性疾病中，渐冻症是一个最容易让人共情的疾病。很难想象这种肉体上被逐渐"冻"住而又无能为力的痛苦，也正因为如此，我们对蔡磊在面对这种疾病时所展现出的勇气、理智和智慧才更加钦佩。

我在退出商业社会后的7年来，一直致力于支持大脑和神经领域的研究。我了解在这方面，我们人类对其运行机理了解得非常浅薄，甚至很多所谓的"了解"其实只是充斥着各种理论的假设。但幸运的是，这10年来，和大脑以及神经相关的学科和知识正在蓬勃发展，跨学科交流不断产生，尤其是人工智能领域的不断进步，让我们对大脑和神经科学的理解正在越来越深入。

我们确实是到了一个知识大爆炸的时代，所谓的奇点可能真的会在我们这一代到来。因此，相信具备了更多理性的基础：相信自己，相信科技，相信未来，无论遇到什么难关，我们都能够渡过。

蔡磊是一个具有无穷魅力的人，他的勇气和坚持不懈的精神鼓舞了无数人。我想借这个机会向他表达我最深的敬意。我相信，蔡磊一定能够康复，能给更多的病友带来希望，让更多的人像他一样活得有价值、有意义。

勇敢的心

邓亚萍
乒乓球大满贯得主，奥运冠军

我和蔡磊相识多年，他年轻有为，风风火火，永远充满着活力和干劲儿。后来得知他生病，而且是渐冻症这样残酷的病，震惊之余，更是担心。没有几个人能扛得住如此毁灭性的打击，何况是在40几岁正当年的时候。

2021年7月，他说在筹备发起第二次冰桶挑战，邀请我参加，我当然全力支持，也是真心为他高兴。果然还是那个敢想敢拼的蔡磊，哪怕身体每况愈下，也一直没有停止抗争，不断为渐冻症攻克事业摇旗呐喊。遗憾活动当天正好赶上东京奥运会乒乓球比赛的直播，我没能到冰桶挑战现场，只能隔空为他加油。

从小到大，我听得最多的教诲就是"敢于拼搏"——要敢，还要拼，为自己拼，为祖国拼，为每一分拼。人生如赛场，充满了变数。体育教会了我要永远拥抱不确定性，在不确定中寻找确定，不管对手是谁，都要拼搏厮杀，直到最后一刻。而蔡磊正是这种理念的践行者，在绝境中毫不退缩，选择正面突破。就像他说的："哪怕我知道自己干不过对手，但你敢挑衅我，我就敢跟你干！"

有人说我是"大心脏"，在我看来，蔡磊有着一颗真正的"勇敢的心"。

就在前几天的年度慈善盛典①上,我又见到他,明显感觉到他的身体状态在下滑。一年多前他还只有左胳膊不能动,现在两条胳膊都丧失了活动功能,说话也开始受到影响。但他整个人的状态依然是振奋的、积极的,斗志满满,充满希望。这几年,他四处奔走,联合科学家、药企、投资人、医生等各界力量,加速推进渐冻症药物的研发。他还发起成立了4个公益基金,建立了一个像诺贝尔奖那样可以永久续存的信托基金。所有这一切都是为了,哪怕他倒下,攻克渐冻症的事业也有后来人能持续不断地做下去。

这些年我也一直投身公益事业。"公益"二字在于心,在于行。作为上万名渐冻症患者的精神领袖,蔡磊用自己的实际行动,为所有病友的生存希望拼尽全力,为困于黑暗中的人们亮起一束光、点燃一盏灯,这就是最大的公益。他被评为2022中国慈善家年度人物,实至名归。

攻克渐冻症,这事儿几乎没人敢做,甚至没人敢想。而蔡磊不仅想了,还去做了;不仅做了,而且拼了。这种精神令我敬佩。衷心希望社会各界能更多地关注渐冻症,关注罕见病,助力蔡磊及所有困境中的人们,看见希望,拥抱希望。

蔡磊老弟,你这颗勇敢的心,已经拿到了人生最大的金牌。

---

① 2022年中国慈善家年度盛典于2023年2月28日在北京举办。——编者注

所有成功都是为不害怕失败的人准备的

冯仑
御风集团董事长

2022年年底,和很多朋友见面的时候,大家都会感叹:"哎哟,'阳康'了,还活着。"

"变阳"的时候,我也思考过很多生死的事情:生的意义到底在哪里?死的时候,又能为他人、为社会留下点儿什么?

蔡磊正在用自己的实际行动回答这个终极命题。三年多前,他被告知人生进入倒计时,而且是以一种最残酷的方式逼近生命终点,他没有躺平,没有佛系,而是跟时间赛跑去推进药物研发。他说,哪怕救不活自己,也要为之后一代代的渐冻症患者争取希望。

这对绝大多数人来说完全不能想象,甚至没法理解:何苦呢?注定要"失败"的事情,你一个绝症病人,瞎折腾啥?

所有成功都是为不害怕失败,并且能够面对失败的人准备的。那些老想着"成功"的人,反倒常常与成功无缘。因为成功真的是个小概率事件——单说创业这件事,多少人都在半道上牺牲了。就像蔡磊用生命发起的最后一次创业,推动的70多条药物研发管线,几乎一半都失败了,但他没有停,依然在寻觅新的方向,尝试新的管线。

失败是常态,无论是创业还是人生。无他,唯有扛住。

这本书叫《相信》，我想这正是蔡磊的有力宣言。相信很重要，这是能扛住的关键。你心中相信这个事，你就能坚持，就能扛住。

当你心中有信仰、有未来、有目标，失败也就有了失败的价值。很多人都是在一次次失败之后，又一次次重新开始，最终抵达那个光辉的彼岸。这些人都是超级英雄。蔡磊就是这样的超级英雄。

相信相信的力量

尹烨
华大集团CEO，多项罕见病公益计划发起人

人类基本的神性，就是相信相信的力量。

也因为人类学会了等待和希望，才逐步配得上"万物的灵长"。

然而，仅仅等待，是换不来希望的，梦想照进现实需要奋斗。总有些先驱者，他们来到这个世上，注定就是要为更多人带来希望的。

显然，蔡磊就是这样一个人。

罗曼·罗兰在《米开朗琪罗传》中写道："世界上只有一种真正的英雄主义，那就是看清生活的真相之后，依然热爱生活。"

知道蔡磊，是因为他在互联网业内已有名气；了解蔡磊，是因为看到他自掏腰包挑战渐冻症的大爱；敬佩蔡磊，是因为他"我命由我不由天"的勇气；同行蔡磊，是因为"为众人抱薪者，不可使其冻毙于风雪"。

渐冻症或许是罕见/遗传疾病中名气最大的一种，无论是霍金还是"冰桶挑战"让很多人都认知了其大概的状态。而渐冻症真的是绝症吗？目前是，但不意味着一直是。在研究生命科学20多年后，我看到生物科技和现代医学带给了我们太多奇迹。

丙型肝炎在过去是无法根治的，而如今我们已经可以通过药物组合来根治，我也相信乙型肝炎甚至艾滋病离治愈也不会太远。人类寿命的延长，使得器官移植始终缺乏供体，而2022年经过基因编辑的猪心脏实现了成功移植，让人类看到了"异种间移植"这个再生医学崭新的方向。无论是病毒载体技术还是基因编辑技术，如今的基因疗法已经可以治疗包括脊髓性肌萎缩（SMA）在内的数种罕见/遗传疾病，那么渐冻症还会远吗？

我更想呼吁的是，防大于治。人类通过超大规模的疫苗接种，使我们渐渐告别了"治不好"或"治不起"的天花、脊髓灰质炎等传染病，人类也必将可以通过超大规模的基因检测，让我们逐步告别遗传病，或者中晚期恶性肿瘤。相比于昂贵的精准医学治疗技术，人人可及的公共卫生手段更值得全人类携手实施，让每个家庭和个体都能有"正确预防和积极参与"的认知，这也正是我们不断努力的方向。

所谓技术，就是指过去异想天开，今天勉为其难，而未来习以为常的事情。我坚信，当我们对生命语言越来越理解之后，遗传病中"绝症清单"会越来越少。同时，我们也看到，已知的罕见/遗传疾病已有8000种之多[1]，甚至大部分国家对什么是"罕见病"都没有统一的发病率定义。我唯一担心的是，我们都在等着别人，而非自己主动采取行动。

---

[1] 根据《中国罕见病行业观察（2021）》的数据，目前全球已知的罕见病有6000~8000种。——编者注

改变需从了解开始，对于一种遗传病，这个了解就需要从基因起步。所以我、汪建董事长以及华大集团一起会和蔡磊携手，开始对渐冻症群体提供免费的全基因组检测，并期冀能根据检测结果为诊断和治疗提供进一步的帮助。这个消息一出来，很多科研团队都纷纷留言，有愿意提供遗传咨询的，有愿意联系国际病友会合作的，有愿意同步提供微生态干预支持的，甚至多个团队都表示了愿意同步招募适合的群体进行基因和干细胞治疗……所谓"德不孤，必有邻"，大抵如此。而这一切的发生，离不开蔡磊的这次"破冰"行动。或许有一天，渐冻症不再是无"技"可施的绝症。当我们未来总结这一切的时候，亦请不要忘记这个勇敢的名字。

每一个人都是向死而生。如顾城在《一代人》中所写，"黑夜给了我黑色的眼睛，我却用它寻找光明"。而蔡磊正是活成了这句话的样子。

此刻，让我们一起通过此书近距离接触蔡磊，一起体验相信的力量。

不喑微芒，方可造炬成阳

刘爽
凤凰网CEO，凤凰卫视COO

在《相信》付梓之际，蔡磊请我作序，诚惶诚恐。我们相识时间不短，对他曾经的成就与际遇和如今的奋斗与坚持我也了解颇深。特别是在他获颁凤凰网行动者联盟2022年度十大公益人物时，我们团队还借那次机会与他深入交流了对疾病、公益、人生乃至人类的看法，他的度量、胆识和精神令我们钦佩。

蔡磊在2019年罹患渐冻症，这种疾病自被发现的近200年来，治愈率为0，所以全世界的患者和医生几乎都对渐冻症不抱幻想。然而蔡磊用这两三年来的投入和行动表明，即使面对此种绝境，他也仍然用在京东时的"拼命"力图实现突破，不放弃任何可能性。他推动并建立了中国第一个渐冻症病理样本组织及世界最大的渐冻症科研平台。不喑微芒，方可造炬成阳。截至2022年7月，已经有超过1000位渐冻症患者及其家属签署了遗体和脑脊髓器官组织捐献志愿书，这不仅是中国患者的福音，更是对全人类的功勋。

《相信》向我们展现了蔡磊自患病以来的心路历程，同时更是蔡磊向渐冻症发出的终极挑战。人类在过往的几千年里，不断在和各种疾病抗争，而曾经各种所谓的"不治之症"都被人类一个接一个攻克。正是因为有蔡磊这样的抗争者去征服绝境、创造奇迹，人类才收获了越来越好的健康条件和医疗水平。我们称颂奇迹，不仅因为其本身足够宏伟壮阔，更是因为奇迹背后的不朽精神和伟大的人。

蔡磊就是这样的人。

是为序。

企业家精神2.0

田源
亚布力中国企业家论坛创始人、主席，元明资本创始人，
迈胜医疗集团董事长

2022年3月召开的亚布力中国企业家论坛，我们有幸邀请到蔡磊先生出席并发表主题演讲。亚布力中国企业家论坛成立22年来，从不缺企业家故事，然而蔡磊的故事还是让我深深震撼。

这位年轻副总裁前40年的人生可谓顺风顺水，极速前进，直到一种叫作渐冻症的绝症给他的生活按下了暂停键。面对无药可治的现实，面对"还有2~5年"的死亡通知书，他没有选择去放松、去旅游、去享受最后的时光，而是毫不犹豫地开启了"最后一次创业"。

作为一名互联网老兵，他充分发挥自己的互联网经验和影响力优势，尤其是强大的实干能力，迅速搭建了世界上最大的渐冻症患者大数据平台，聚集了上万名渐冻症患者，广泛链接医生、科学家、药企、投资人，撬动各方资源。为了推动渐冻症的药物研发，他与药企、投资人讲商业逻辑与市场前景，与科学家讨论渐冻症药品研发和转化的可能性，旨在让药企研发之后的变现路径更短、变现速度更快，患者得到药品的速度更快，整个商业闭环高效完成，投资人也就更容易进行投资决策。

所有创业者一定都知道，这当中的每一步有多难，更别提是花钱如流水的药物研发领域。

有人把蔡磊的最后一次创业比作"骑自行车上月球"。当投资人劝他"别折腾了"，当病友不理解甚至诋毁他，当团队小伙伴不相信而彷徨退却，他的态度却始终如一：想要攻克渐冻症是很难，但只要这事值得做，他就要去做。科技不会自己进步，没有人推动，我们习以为常的科技进步可能要延迟数十年甚至更久。蔡磊很清楚，按照自己的病程，现在的一切努力大概率没法救自己的命，但他仍然义无反顾，因为这"一定会为之后的一代代病友带来更大的希望"。

什么是企业家精神？在我看来，企业家精神就是挑战不可能，通过创新突破，一步步拓展人类的边界，扩大社会的福祉，创造社会的价值。蔡磊先生的所作所为，就是对企业家精神的完美诠释。他有打破规则的勇气和决心，更有造福他人的坚守和担当。如果说40岁之前，他作为"中国电子发票第一人"，在电子发票、智慧财税、电子工商、电子印章等领域的推动和创新是企业家精神1.0，那么生病之后这最后一次跨越行业、跨越身体极限、甚至跨越生死的创业，则是企业家精神2.0。

22年来，亚布力中国企业家论坛见证了中国企业家的成长和企业家精神的壮大，成为中国企业家精神的一个象征。我相信，蔡磊先生在中国企业家精神的丰碑上添上了浓重的一笔。

他必将用自己的行动，改变历史，书写传奇。

生命的延续

王小川
搜狗创始人、CEO

2014年,在海拔3650米的拉萨,我参加了第一次冰桶挑战。那会儿知道这个活动是为了唤醒对"渐冻症"患者的关注,但并没有太大的感觉,只是被朋友点名,接受挑战,有这么一种仪式感。记得一个人在天台空地上倒冰水,录视频,真是名副其实的"高冷"。

2021年,我又参加了蔡磊发起的第二次冰桶挑战。那一次现场来了很多人,科学家、企业家、媒体、医疗机构、公益人士,虽然每个人都被冰水激得打哆嗦,但现场却温情满满、热气腾腾。那是我初次结识蔡磊,也是我初次相对全面地了解渐冻症和渐冻症群体。蔡磊的组织让我感觉渐冻症不再是一件孤独的事,而是社会各界人士聚集在一起,共同寻找希望。

对几十万名渐冻症患者来说,蔡磊无疑是灵魂人物。他的出现,他持续努力对生命的呐喊和召唤,对渐冻症的未来、对罕见病的未来,乃至对生命科学研究范式的变化,都起到了很大的推动作用。

生命科学一直让我着迷。一根黄瓜的复杂性,要高于一架波音747飞机。一个细胞的复杂结构中蕴含着大大的宇宙,让人不得不惊叹于生命的神奇。年少时我笃信"技术改变世界",现在我却开始相信技术是有边界的，技术也有很多不能解决的问题。所以一年多前，我开始投身生命科学领域，希望能在有生之年对生命科学和医学的发展尽一份力，为大众健康做出一点贡献。

每个人注定有一个使命，用蔡磊的话来说，老天眷顾让他得这么个病，让他在商界驰骋 20 余年后有机会转战生命科学，这是他的使命。他要在有限的时间里，为解开这个近 200 年的人类未解之谜做出自己的贡献。在他身上，我看到了一种延续。

抚育后代，繁衍生命，是基因的延续，而在精神和个人价值上的创造，则是一种生命的延续。就像蔡磊，他不灭的信念和持续的奋战，必将在渐冻症历史上乃至人类科研的历史上，留下永恒的印记。

人生的每一场遭遇都是一个新的老师

周航
易到创始人、原CEO，天使投资人

渐冻症，对绝大多数人来说，既陌生又遥远。于我而言，这个医学名词，是通过"霍金""冰桶挑战""蔡磊"这三个关键词被渐渐认识并了解的。

关于之前的蔡磊，你或许听说过，即使没有，你上网随手一搜，就会觉得这个人是妥妥的人生赢家，长辈眼中标准的"别人家的孩子"。名校毕业，幸运的时代弄潮儿，每个时期都能选择最好的行业、最好的公司，玩命地付出；同时，时代也给了配得上他的才华和努力的回报，甚至，他在商业发展的轨道中也留下了属于自己的脚印。

时代幸运儿大概就是这样的吧！可惜，有时生活会告诉你，"如果你认为一个人活得很好，只能说明他跟你不熟"。

蔡磊，就如同媒体中说的那样，来了一场盛年的不期而遇。

认识蔡磊后，看到他面对绝壁之境，从拼命三郎、堂吉诃德到西西弗斯般的努力，我经常会代入式地换位思考：如果是我，我会怎样？面对内心的回音壁，我必须诚实地说，很心虚，我做不到。钦佩之余，我更会想：蔡磊的心力从何而来？这本书很好地回答了这个问题。读者朋友跟随文字中蔡磊的心流，自然可以触摸到他、感受到他。

同样有身体病痛困扰的我,也有些许体会,并想在这里和朋友们分享点滴。

关于"自我",日本著名时装设计师山本耀司说过一句名言,"自我"这个东西是看不见的,撞上一些别的什么,反弹回来,才会了解"自我"。我们学习尝试很多的方法,跑步、冥想、打坐,试图向内行走,找到自我,却总是不得其法。相比外在的失落,身体的痛苦和死亡的召唤其实才是那个"最强的东西"。不时袭来的痛感会随时提醒你:来,关注自己身体的感受,和痛苦好好对对话,重新和自己建立连接吧。

自己或家人的病痛会打乱你的生活和工作,你会疲于应付,工作、事业和家庭也都会不可避免地受到影响。同时,病痛会让你拥有更独特的人生体验,生的本能会让你开启新的学习,拓展新的领域,蔡磊无疑是这方面的好老师。

现在的蔡磊算是最懂渐冻症的人之一,包括专业医生在内。有个一起做公益的朋友说,我们投身社会事业很重要的意义就是把自己变得更柔软。仔细一品,好有智慧啊!我们在左冲右突拼命向前时,会变得越来越强、越来越硬。其实,真正要生出智慧来,还要内心越来越柔软才行。什么是"变得柔软"?就是对弱者有更多的共情,你可以感受到他的痛、他的苦,你会为他人流泪,你愿意为他人的快乐做些什么,这个时候,你内心的坚冰就会开始融化。恭喜你,智慧的种子终于在你心中开始发芽了!而病痛,是你最好的老师。

蔡磊还在奋斗着,也许他是"知其不可为而为之"。人类的所有进步不都是如此吗？我们当然祈祷和祝愿蔡磊成功，但我认为奋斗本身就是意义，而非结果的得失成败。

失败、孤独、死亡，是人生的三大老师。面对它们，接纳它们，学习和它们如师如友地相处。

谢谢你，人生的每一场遭遇，我的老师！

关注罕见病，就是关注我们自己

张抒扬
北京协和医院院长、党委副书记，
兼中国医学科学院北京协和医学院副院校长

从医30多年来，我每天接触最多的就是患者，海量的患者。绝症面前，人的反应大致分两类：一类被绝望击倒，一蹶不振；另一类则难能可贵，积极面对病情，配合治疗。蔡磊，这两类都不是。可以说，我从来没见过他这样的绝症患者。他不只是积极面对，还奋起抗争，联合医生、科学家一起，对这个病主动迎击。而他此前没有任何医学背景或从业经历，生病后完全从零开始自学医学医药知识，从医疗阶段前推到科研阶段，从基础研究、动物实验，到上临床、出数据，了解医药研发的各个环节。他的做法，让我们医生都心生敬意。

更何况，他要挑战的还是人类历史上近200年来都没有重大突破的罕见病——渐冻症。

罕见，顾名思义，就是不常见。由于发病率低，病例稀少，罕见病群体不仅经常被忽视，而且最难的是，他们往往面临着缺医少药、无医无药的境地。业内曾有个说法，罕见病很罕见，能看罕见病的医生更罕见。发达国家对罕见病的规范管理与研发始于20世纪80年代，而我国对于罕见病的系统规范诊疗在2015年以前都近乎空白。在没有基因检测的年代，许多遗传病、罕见病被漏诊、误诊，即便是最终得到明确诊断，绝大多数也因无药可医而只能让患者及其家庭陷入绝望的等待。

在罕见病救治方面，北京协和医院一直走在前列。2010年，我们成立了门诊疑难病会诊中心，后来又创建了首个国家级罕见病多学科会诊中心。作为全国罕见病诊疗协作网的国家级牵头医院，我们形成了多学科会诊的协和模式，并向全国辐射。目前已经有百余家协作网医院参与远程会诊，这让患者确诊的平均时间由过去的4年缩短到了4周。

2018年，国家卫生健康委员会等五部门发布了《第一批罕见病目录》，共涉及121种疾病。这121种还只是冰山一角。目前全球已经明确的罕见病有7000多种，95%仍没有特效药，其中就包括渐冻症。这个病由于缺乏研究数据和样本，至今仍病因不明、靶点不清。蔡磊发起成立的渐冻症患者大数据平台，恰恰就是在弥补这个环节的缺失，为医生和科学家丰富了研究的抓手。

更让我感动的是，2022年，蔡磊宣布捐出自己的身体，并动员上千名渐冻症患者签署了捐献脑组织和脊髓组织志愿书，以此建立起专门研究渐冻症患者脑和脊髓的人脑组织库。这在中国历史乃至人类历史上都是绝无仅有的，这种献身精神值得所有人铭记和学习。这些捐献的英雄将为渐冻症等神经退行性疾病的突破做出重要贡献。

近两年，我们还与蔡磊一起探讨推进，尝试通过研究者发起的临床研究（IIT）、加快罕见病新药的患者招募和临床试验等方式,给患者早一点带来救治的希望。

中国有超过 2000 万名罕见病患者,影响的家庭人口超过一个亿。从疾病的角度来说,80% 的罕见病为遗传性疾病,这些患者群体的基因突变值得所有人关注,因为这样的风险有可能发生在每一个人身上。说到底,关注罕见病,就是关注我们自己和家人。

健康路上,一个都不能少。身为医生,在疾病救治上,我们责无旁贷。同时,我也希望社会能涌现出更多的蔡磊,为罕见病的突破多添一份力、多加一把油。有了大家的共同助力,相信罕见病患者的春天将不再遥远。

生命最有力量的回答

郎永淳
原中央电视台主持人，资深媒体人

人生是由无数个选择题组成的，很多时刻，选择题就在眼前，次第出现。大多数人因为有选择，才会有艰难、纠结、痛苦、欣慰等情绪。当然也有一群人，他们相信定数，觉得冥冥之中，命运早已注定，随波逐流，不必选择。显然，蔡磊属于另类。

蔡磊是妥妥的青年才俊，人生的前40年，通过奋斗，整体算是顺风顺水。转折出现在他41岁时，渐冻症这个发病率只有十万分之二的罕见病落到了他身上。疫情三年，我和他多次出差、开会、聚会、直播，我看着他手臂逐渐用不上力，病情一直在进展。即便这样，他也仍然加班加点地做研发，发起第二次冰桶挑战，做直播电商，唤起更多人关注肌萎缩侧索硬化（ALS）。他这样的选择，让我既要用行动去支持他，又为他这么拼命而十分心疼。我不止一次地劝他，要多休息、少熬夜，但是他停不下来。这是他执拗的选择。他此前面对的每一次考试，都是提前交卷，这一次，他的信念在支撑他，要一如既往，做好答卷，尽管他清晰地知道，"老天爷大概也掐着表，在我人生半程刚过就提前过来，想要把卷子收走。然而这一次我还没答完，也不愿意离开考场"。

蔡磊一直头脑清醒,他为什么不顾各种劝阻做出当下的选择?人生的意义究竟是什么?在我看来,尽管蔡磊的肌体越来越无力,但他对考题的回答无疑是最有力的。这种强烈的反差和冲击,就来自他在用自己的全部生命来做最有力量的回答。这本书写出了他每一次选择背后的故事。这种力量激励了我,相信读者也能感同身受。

1
拼命三郎

第一章

不期而遇

"我还得干大事呢!"

"只有这一种可能了"

2019年9月30日，现在回想起来，正是在那一天，我的人生被劈成了两段。前半段的41年，我一直以为人生本该如此，上学、立业、成家、奋斗……直到坐在我面前的樊东升医生说："应该只有这一种可能了。"

他说的是排除了其他疾病后的可能，但同时也将我未来的一切可能性抹杀殆尽。

樊医生当时50多岁，正是行医的黄金年龄，几乎没有白发，目光透过一副无框眼镜直视着我。他虽然没有说出那几个字，但我们都心照不宣。这里是北京大学第三医院神经内科，而他是全国最权威的渐冻症专家。

我下意识地想开个玩笑："那我不是快死了？"

这句话并没有成为气氛融化剂，引来预期中的哈哈一笑，相反，它一出口就冻在了空气中，让现场气压越发凝重。樊医生表情严肃,他用双手在桌上比画出了一段大约20厘米的长度,然后说:"你的生存期有这么长。"随即他的左手迅速向右手靠近,两只手掌几乎合拢,中间的距离简直可以忽略不计。"现在还有这么长。"

这个突然的死亡通知书,让我大脑神经忘了指挥脸部该作何表情。按照樊医生的断定,之后的两三年里,我将眼睁睁地看着自己全身肌肉逐渐萎缩,直至丧失,也包括现在僵住的面部肌肉。

怎么可能?我这辈子买彩票一次都没中过,现在这个概率只有十万分之二的病,怎么就真的落到了我头上?

其实要说突然也并不准确,算起来身体从一年前就已经持续不断地向我发出信号了。早在2018年8月,我的左胳膊就开始24小时不停地肉跳,专业术语叫"肌束震颤"。那种跳动就像电子设备在电量耗尽前一直闪烁着的红灯,提醒你及时充电或修复。但我以为自己只是疲劳过度,休息几天就好了,并没有当回事,就这样拖了半年。直到2019年2月,我也意识到这么持续的肉跳肯定不正常,才去了北京协和医院。

当时挂的是神经科的号。问诊后,医生给我开了全面的检查——抽血、拍CT(电子计算机断层扫描)、做肌电图,厚厚的一沓检查单。我挨个检查室地跑,心里还嘀咕,随随便便门诊就花了一万多元,医院这是为了挣钱?

一个多礼拜,检查结果全部出来。我用自己粗浅的医学知识扫了一遍那些报告单上的指标数据,没发现什么问题,因为上面都是"未见异常"。拿着各种报告单再次找到医生，我满脸写着"兴师动众！你看结果，啥事儿没有吧"。然而，医生看上去并不像我这般轻松。他翻看着报告单，两分钟后，冒出了第一句话："你这个情况……不太好。"

"什么叫'不太好'？"

他没有正面回答我的问题，而是抬起头问了我一句："你有时间住院吗？"

我哪有时间住院。再说，有必要住院吗？我负责着公司重要的财资管理工作，加上几家内部创业公司，每天听汇报都听不过来，不想再花费不必要的时间在其他事情上。连这次来看医生，都是助理来来回回调整了好几个会议才挤出的空当。住院，肯定没时间。

医生没表现出什么，依旧平和地说："没时间住院也没关系。这样吧，你每两三个月来一趟，定期复查。"

我心想没事了，接过他递来的病历本塞进包里，连他在上面写了什么都没仔细看，就匆忙道谢走了出来。

按我的理解，如果真有什么病，医生肯定会开药；既然没开任何药，只让定期检查，那就等于没事。

那时候我还不知道，医生之所以让我做那么全面的检查，是因为他凭借几十年的诊断经验，已经感到了我得的是很棘手的病。

后来无数个夜晚，我常会控制不住反复回想当时的场景，那个我与渐冻症第一次正式碰面的场景。我一遍又一遍地想：为什么不追问到底，什么叫"不太好"，怎么个"不太好"法，问了说不定现在就会不一样。但现实告诉我，一来，对当时的我来说，这道题确实超纲了；二来，即便问了，情况似乎也不会有任何改变。

而这，正是医生不开药的原因。

从协和医院出来后，日子继续按部就班，开会、加班、布置工作、汇报讨论。2019年年初，我刚刚升级做了父亲，全家上下围着一个小家伙手忙脚乱，无暇他顾，用夫人的话说，没人管我了。我从早到晚泡在公司里，照顾孩子出不上力，只能争取尽量不添乱。

有一天夫人进我书房拿东西，在书桌上堆得半人高的文件资料后发现了我，也发现了我手边小柜子上一个已经干透了的西红柿梗儿。

"我的妈，这是放在这里多少天了？你不能把它扔了吗？"

我没反应过来："有吗？在哪儿？什么？"

夫人又气又笑地收拾完走了出去。

这也是我这么多年来一直的状态，生活堪称枯燥，眼里只有工作，其他什么都看不见。而此时左臂肌肉不知疲倦地昼夜跳着，让我不得不开始"看见它"。

协和既然没有给出明确的诊断，我后来又陆续跑了宣武医院、天坛普华、北医三院，看的都是顶尖医院的大专家，有的还去了不下三四趟。检查大同小异，血抽了不知道多少管，但都无法确诊。医生的态度普遍跟协和那位医生的差不多，说得最多的就是"多休息"。问到需要做什么治疗,答复都是"不用怎么治疗",顶多嘱咐我回家多吃点维生素。

直到有一次,天坛普华医院神经内科主任听我说了这半年来寻医问药的过程,很干脆地告诉我:"其他地方都不要去了,你就去北医三院找樊东升专家团队,看看是不是运动神经元病。如果不是,你就没事儿,休息休息就好了。"

她没有说另一半——如果是,会怎么样。不过我当时的注意力都在她刚说的名词上:运动神经元病。这是我第一次听到这个名字。我不会想到,这个陌生概念在未来三四年里会成为我钻研的核心和日夜死磕的对象。

北医三院本来就是热门医院,神经内科还是他们的重点科室,樊东升医生又是科室主任,他的号自然不好挂。几经周折,我才终于挂上了他的号。

那阵子我母亲正好在北京,当天她陪着我一起去看这个来之不易的门诊,也就有了开头的那一幕。相对于其他医生的欲言又止,樊医生可谓直截了当,毫不客气。半年多来我一直想要有人能给我一个确切答案,那种黏黏糊糊、悬而未决的状态,足以把人的耐心磨到起球。然而当确切答案真的掉落下来时,我却被打得措手不及。

母亲站在我侧后方,我看不到她的表情,也听不到任何声音。午后的阳光正好,透过窗户在桌子上投下一小截晃眼的光影,正如刚才樊医生比画的长度。

几秒钟前,那条光影还闪着金边,饱满热烈,现在却一下子变得暗淡无光，了无生气。

这世界已经不属于我了。我要死掉了。

电梯都不愿意等，现在却只能等死

"渐冻症，一般指肌萎缩侧索硬化（amyotrophic lateral sclerosis，简称ALS），是运动神经元病的一种，被列为世界五大绝症之首，近200年来全球有1000多万人因此死亡，治愈率为0，绝大多数患者在2~5年内死亡。"

"肌萎缩侧索硬化是一种持续进展、不可逆的神经系统退行性疾病，患者大脑和脊髓的运动神经细胞不明原因地逐渐减少，运动能力逐渐丧失，肌肉也因此失去营养支持，逐渐萎缩。2018年5月22日，国家卫生健康委员会等五部门联合发布了《第一批罕见病目录》，肌萎缩侧索硬化被收录其中。"

"同为神经系统退行性疾病，帕金森病、阿尔茨海默病等疾病的病程长、不致命，还有一些药物和办法去治疗或缓解，但是肌萎缩侧索硬化无药可治。世界唯一的口服药物力如太（也称利鲁唑，售价约4000元/盒，每盒可服用28天），也只能延长患者生命2~3个月。"

我并不是毫无准备。这几个月来，我根据自己的症状，在网上搜到了关于渐冻症的文章。持续肉跳、手臂无力，和文章里说的样样符合。再加上一次又一次顶尖医院、顶尖专家都迟迟不能确诊,或者说不愿意确诊,我再迟钝也会有所警觉。

但我依然毫无准备。没有人准备好死亡,更别说刚过 40 岁、年富力强、家庭和事业蒸蒸日上的我。于我而言,生命唯一的主题就是全速前进,"死"是一个遥不可及、跟我八竿子打不着的字眼儿。我甚至曾跟竞争对手放话:"你们不要跟我竞争,只要我开始做的事,你们都干不过我。因为我不要命,只要你还要命,你就输了。"

这话并不夸张,我在业内一直以"玩命"著称。2013 年,加入京东刚一年多,我就在公司内发起成立了电子发票项目小组。为了设计并合规开出中国内地第一张电子发票,在系统上线前,我几天几夜没合眼,带领团队花 45 天的时间完成了竞争对手 10 个月干的活儿。进公司头三四年,晚上 10 点后下班是常态,到家后继续工作到凌晨;早上 8 点多再雷打不动地出现在办公室,连周六日也经常如此。

玩命地工作,让我在互联网舞台上创造了更多价值,也让我获得了一系列社会的认可——"中国电子发票第一人","2014 年度中国税务十大杰出人物",2014 年、2016 年、2017 年三年的"中国十大财会人物","2016 中国财资管理杰出贡献奖","2018 中国互联网+财税领军人物","2018 年度十大财税人物","2018 中国十大资本运营 CFO 年度人物",改革开放 40 周年"中国改革贡献人物","中国新经济领军人物"。另外我还出版了多本财税方面的专著,担任北京大学、清华大学、中国人民大学、中央财经大学、北京师范大学、中国社会科学院等院校的研究生校外导师、顾问委员等职务。

同事都说我是拼命三郎，铁打的。确实，此前六七年我基本没进过医院，别说是大病了，就是感冒发烧都极少。我也仗着自己年轻力壮、百毒不侵，把每一分钟都投入工作中。

我最不惧甚至最得意的就是"抢时间"——跟竞争对手抢，跟时代趋势抢，更跟自己抢。我的朋友圈里经常有类似的出差记录："早上乘高铁出发，中午抵达上海，当天晚上卧铺返京，次日直接回单位。一路处理了三位数的邮件，一低头、一抬头，就到站了。"

包括我和夫人走到一起的过程都无比"高效"。我俩相亲认识，见第二面，我就向她求婚，并坦诚相告我没空谈恋爱，如果彼此感觉合适，那就结婚；如果觉得不合适，也不要浪费彼此的时间。夫人一度觉得我是骗子，后来才知道我不是骗子，只是个"奇葩"。

只是这个"奇葩"不会想到，有一天，他竟然要跟死神抢时间。

我记不清自己是怎么站起来走出那个诊室的，只记得离开前樊东升医生嘱咐："准备准备，十一后尽快来住院。"

母亲一直跟在我身后，没有说话。我不知道该说什么，想必她也一样。这个年近70岁的老太太，40多岁就没了丈夫，辛苦抚养两个孩子长大，一辈子就是为孩子而活。而现在她最疼爱的小儿子，刚刚成家，刚刚有了自己的儿子，却被宣判只剩两三年的光景，她还能说什么呢？

无言是对的。当老天把幸福和绝望同时加在一个人身上时，就只有无言是对的。

等了两三趟电梯都没能进去，每一趟里头都塞满了焦灼的面孔，站在门外的人只能看着电梯门缓缓打开又徒劳地关上。我不想再等，拉着母亲去走楼梯。任何等待都让我不能忍受。当然，我似乎是下意识地想证明自己的运动神经元压根儿没有问题，我跟正常人毫无区别。

电梯都不愿意等，现在却只能等死。

初秋的太阳已称不上毒，但仍然猛烈燥热。我走出医院大楼，站在没有遮蔽的阳光下，手脚冰凉。

下面要做点什么？被重新抛回到现实世界，我脑袋有几秒钟空白。对，下午4点约了一个合作伙伴谈事情，是上周就定好的。要不要推掉？但推掉，此刻又能做点什么呢？

我打发母亲回了家，自己则直奔那家企业。

想想反倒是庆幸有这个约见，让我起码能暂时忘记刚刚发生的这段魔幻经历。项目、投资、商业市场，这些才是我熟悉的真实世界。

这位企业家跟我合作了多年，工作之外，我们私交也很好。所以聊完正事，我顿了顿，说："跟你说点事儿。我刚从医院出来，诊断可能是渐冻症。"话一出口，我也吃惊自己竟然直接就这么说了出来，就像在讨论刚才项目的某个细节。

他坐在我对面，有点蒙。

"渐冻症你听说过吗?世界第一绝症,没有一个人被治好过,平均能活2~5年。"

"怎么可能?不可能吧!"

"大概率确定了……所以一年以内,相关业务我还可以支持,一年之后就说不好了。"

企业家朋友一时语塞。我真是给人家出了道难题。安慰绝症患者大概是这世上最不讨好的差事,所有语言都会显得苍白无力。临走时,他握着我的肩膀说:"有需要说话。"

我这是已经开始交代"后事"了吗?算吧。我也明白了为什么之前医生不愿意确诊,只叮嘱我多休息。不像其他病,早发现早治疗,哪怕是癌症也能通过药物、手术、放化疗、免疫疗法、质子束放射治疗、基因编辑等各种方式来治疗。对于渐冻症,从医疗手段上来说几乎束手无策,因为它病因不明,靶点不清,无从治疗。医生如果给你确诊了,又告诉你没法治,无异于宣布了你死刑。所以几个小时前哪怕樊东升医生已经明确表示我就是这个病,但在诊断建议上依然写得极其谨慎——"运动神经元病综合征,肌萎缩侧索硬化待查"……

病后这4年来,随着我跟医生打交道越来越多,我也越来越体会到其中的两难。有个三甲医院的神经内科主任告诉我,其实他们内心非常煎熬。医生出于职业责任,既不能不告诉患者实情,骗对方说没事儿,又不能直接让患者绝望,把所有希望都掐灭,因为他们深知精神力量对于一个人的支撑作用。假如绝症患者精神被击垮,会大大加速病情恶化,所以对医生来说,给患者写下诊断要经过激烈的心理斗争。

我自认为是个内心强大的人，职场打拼20多年，再大的压力都挺过来了，遭遇再大的绝境也没泄过气、服过输，然而这次在渐冻症跟我挂钩的短短几个小时中，我想的都是"世界上将没有蔡磊这个人了"。

这是2019年国庆前的最后一个下午。道路两边花团锦簇，经过的每个路口广场都看得出下足了功夫，五颜六色的花摆出各种造型，路灯上小旗子、小灯笼也挂了起来。后边车按了声喇叭，我才发现信号灯已经绿了六七秒。真实的自己仿佛在身体右侧一点的位置，看着"我"轻踩油门，加速，穿过路口，穿过这个喜气洋洋的世界。

这是盗梦空间的第几层？可我却找不到那个一直转着的陀螺。

回到公司，楼体外的灯光已经亮起，京东的红字标识显得越发醒目。我很久没有从外部打量过这座大楼，这个我几乎一天要待十几个小时的地方了。

当时除了京东集团的财资工作，我还带着4家内部创业公司，所以手上同时管着六七摊子事。有多位负责人直接向我汇报，我们基本上天天都要开会。想到过几天要去住院，他们找不到我，免不了也会知道我的情况的。而且，如果留给我的时间只剩两三年，那么，早一天告诉他们，工作上他们就早一天做准备，我也能尽已所能地给予他们最大的支持。

是现在说还是放到国庆节后？毕竟此刻很多人可能已在准备

开心过长假了。正犹豫着，电话响了，恰好是向我汇报工作的几位高管之一，他是来和我说一个重要项目的推进情况的。于是我们约了假期里见面。

后来的见面乏善可陈。开完会之后，我把医生的诊断大致和他复述了一遍，最后总结道："我可能快死了。如果需要我全力支持的事情，尽快提出来，一两年应该还来得及。你们各自一定要尽快顶起来，接替我。"

这段话我之后又对不同的负责人重复了四五次，换来的都是死寂，以及随后低低的抽泣声。我只能说："没关系，坚强一些，最重要的是我们把工作交接好。"

这句话是说给他们，也是说给我自己的。

小时候部队大院每周都会放电影，那是我早期为数不多的娱乐活动之一，《铁道游击队》《上甘岭》《地雷战》《地道战》这些故事恨不得倒背如流。在我的记忆里，一个战士受伤后，首先考虑的是把枪和子弹交给战友，只有战友接过任务继续战斗，他才能倒下。而这正是我当前要做的。

不过，跟战友可以交接，跟家人怎么交接呢？

后盾

17岁离家上大学，40岁前都是单身，这让我成年后的人生词库里，"家"一直是个模糊的存在。这个在别人口中蕴含着爱、归属、责任和担当的词，对我来说只等于"一个睡觉的地方"——每天 7 点左右出门，半夜再回来。后来虽然买了房子，但为了节省通勤时间，我还是在公司附近租了个一居室。除了签租房协议前粗略打量过小区的环境、设施，后来我就很少再见过那个小区白天的模样。

我并不是不考虑个人问题，相反，从 20 多岁就开始相亲，但都不了了之。年轻时不高不帅又没钱，也没自信，见到心仪的女孩都躲着跑，后来太忙，说着"再联系"，也就再也没有联系。所以，那一次相亲我也没抱什么希望，毕竟介绍人说对方比我小 11 岁，各方面都很优秀，北京大学的高才生。我的赴约大概只是为了给自己一个交代，证明我仍在努力。

因为双方白天都忙，我们约在了晚上见面。那天我难得一次准点下班，但也是我这辈子做过的最正确的决定之一。

我订了餐厅靠窗的位置，女孩推门进来，黑色的羽绒服，简单的马尾辫，眼镜有点儿起雾，却挡不住镜片后那双弯弯的笑眼，步态举止透着成熟感和青春感之间的一种神奇特质——不张扬的活力，不刻意的俏皮。

后来我才知道，这种特质跟她的经历有关。她是学医出身，北京大学医学部药学专业本硕连读，用她的话说，每本教材都跟砖头一样，能防身。毕业后她进了世界顶级的医疗器械企业，并很快在市场部获得破格晋升，成为典型的外企金领、天之骄女。对数据的敏感性、极强的学习能力和沟通能力、出众的形象气质，她被领导称为"天生做市场的人"。

不过，光鲜的外表下是高强度的工作，出差对她来说是常态,一天辗转一个城市不鲜见,到达机场奔会场,离开会场奔机场,最常听到的声音是空姐说"请收起小桌板,调直座椅靠背",然后再扫两眼PPT(演示文稿)后合上电脑,关闭手机。

她的公司在上海。一个北京女孩,她的父母不仅得接受女儿不在身边,还不得不习惯女儿的"失联",因为根本不晓得她在哪个省份、哪座城市。一打电话关机,准是又在飞机上,久而久之,她的父母已经"佛"了,只能时不时地给女儿发张照片,把相互的思念和牵挂都融入一条条有"时差"的信息中。

长期一个人出差,她习惯了什么都自己做,自由、畅快、成就感满满,但也不得不正视一个问题:这种忙碌的节奏,不仅是对体力的巨大考验,而且几乎塞满了她的所有时间,根本容不得她考虑工作之外的任何事情。谈到旅游,她说喜欢在不开会的日子把PPT带到风景宜人的地方做。一次去济南,她坐在大明湖畔,大碗茶真香,可她担心的都是太阳光太强,屏幕亮度高,一会儿电脑该没电了。

她说:"有时回头看,自己的文案经常风格不统一,可能是随着环境染上了不同心境吧。离职很多年了,有个当年很熟的同事突然发来照片,说我当时用西安凉皮的制作方法讲解仪器构造的PPT如今还被奉为经典……这算不算理工女的浪漫?"

市场工作的性质决定了她不管在圈内有多少人脉、多强的资源,一旦换个产品,资源人脉就要积累归零,从头再来。工作干到头,也无非是在履历上多加了一个外企名字,不会有别的结局。所以这份工作她虽然做得很开心,但最终还是决定辞职,回到北京，换个赛道。

她希望选择一个用专业说话的领域，于是，会计师事务所似乎是个不错的选择。

她用三年业余时间考完了注册会计师、注册税务师，并成为一家会计师事务所的合伙人。后来她跟我说，在我们见面的前一天，她正为一个地产项目的审计焦头烂额，看到我通过介绍人发去的简历，我的财税从业背景成了她前来见面的最大动力，"去交流一下业务也不错"。

虽然她坦白的时候一脸坏笑，我却比任何时候都感激当年大学阴差阳错选了财税这个专业，并一干就是20年。而她放弃8年的医学背景，毅然转行财务工作，也让我觉得冥冥之中我们的轨道似乎注定了要在某一点交会。

只是那时谁也想不到，三年后，她会因为我再度重拾医学老本行，投身药物的科研，不知道这是命运低劣的玩笑还是善意的安排。

那天晚上时间过得飞快，我们似乎有聊不完的话题。最让我意外的是，她谈到了很多物理、化学、生物方面的知识见闻，令人觉得与众不同、耳目一新。而我从小就热爱科学，对数理化非常痴迷，所以听得津津有味，直到服务员过来提醒餐厅要打烊了，我俩才发现四周桌椅早已空荡荡了。这大概就是传说中的一见如故。我很久没有遇到这么有趣、大方、不做作的女生了，那双爱笑的眼睛就这样印到了我心里。

第二个周末我正好要在北京大学经济学院授课，作为客座教授,我每学期需要完成一定的课时。当天还有其他知名经济学家的课,非常值得一听,于是我给她发了全天的课表,邀请她来听。能感觉得出来,她并不只是一个把财务审计当作一份工作,而是能从中发现乐趣的人,我太理解那种快乐了。实际上,她对很多领域都充满了好奇心,单说这个180度无缝转行,而且是从一个专业性极强的领域转向另一个专业性极强的领域,学习能力就可见一斑。果然,那一整天的课深得她心,吃饭的时候她依然兴奋地说个不停。

她是冲着课来的,但我是冲着人来的。吃饭的时候,我也没绕弯子:"你准备什么时候结婚?如果彼此感觉合适,我们就结婚吧。"

她惊讶地睁圆了眼睛,送到嘴边的筷子慢慢落了下来:"真的假的?你……不会是骗子吧?"

我只能坦诚交代,我实在没空谈恋爱。"我相信你对我也有好感,不然也不会在我身上浪费时间。既然咱们相互都有好感,那不如直奔主题。"

正常人听到这种话肯定拂袖而去,我则会再次被朋友嘲笑"凭实力单身",剧情大致会这么推进下去。然而她接下来的反应让我闪过一个念头:我俩真是一对儿。

她放下筷子,双臂支在桌边,然后调皮又正式地说:"好啊。"

"奇葩"遇上了"奇葩"。

她不是一个追求花前月下的女生,用她的话说,她不喜欢男生黏着她，她更在意那种自由生长、共同进步的感觉，这种"直女"心态让她从小到大吓退了不少追求者。总而言之，她也不想"浪费时间"谈恋爱。

就这样，相识两周后我们决定结婚。两个对浪漫过敏的人，结结实实浪漫了一把。朋友都惊呼："你小子不是向来标榜理性吗？竟然会闪婚！"我一脸得意道："直觉也是一种理性，遇到对的人，自然要毫不犹豫。"

必须承认，彼此还不够了解的情况下就准备共度余生，运气的成分居多。只能说我运气太好了。结婚后我们发现了越来越多契合的地方：我们都是"无趣"的人，都觉得旅游和享受是浪费时间；我们都很节俭，与"奢侈高雅风"格格不入；我们也都讨厌内耗，无论是自我内耗还是伴侣之间的消耗。她从不会让我猜，想要什么生日礼物会直接抛给我链接，有什么不满或情绪也会直接列出来。我们的相处简单、直接、亲密。2018年年底儿子的到来，更给我们这个小家增添了无限活力，一切都在往平凡、幸福的轨道上走，并且还在加速。

"家"这个词现在对我来说意味着爱、归属、责任和担当，而今天命运竟然要一手毁了它。夫人怎么办？孩子怎么办？走进小区的楼门，看着电梯上的箭头闪动着向上走，我的心一点一点地沉下去。

夫人作为家中的独生女，从小生活优渥，十指不沾阳春水，没吃过什么苦，所受的最大的苦不过是学医的劳累和工作的奔波。现在刚刚结婚一年多，告诉她我得了不治之症，她要怎么办？岳父岳母会不会觉得我是骗婚，是为了要拉一个人来照顾自己？

就算大家都能理解，可是她才30岁，又这么优秀，我要耽误人家吗？

回到家，我直接说："我快死了。"我永远学不会怎么铺垫。

"说什么气话！洗手吃饭。"夫人没搭理我。

前一天我俩刚闹了点儿小矛盾，她还气不顺。不过我知道，她清楚我不是在说气话。这半年来我隔三岔五地跑医院、做检查，她也没少查资料。当我搜到渐冻症的文章转发给她时，她嘴上没说什么，但心里已经觉得八九不离十了。我们没细谈过如果真的是会怎么样，只是心照不宣地都把注意力集中在等检查报告、等医生的判断上。

而判决书真的送来了，没有人想撕开它。

当一件事超出你的承受能力时，人会本能地启动"心理隔离"来自我保护，维护眼前的世界不失衡，哪怕是多维持一天、一晚上、一分钟。房间里的"大象"不断膨胀、膨胀、再膨胀，所有人都小心翼翼地绕着它走。

那天晚上家里安静至极，没有人说话，只有儿子的咿咿呀呀。那时他刚能冒出一些简单的音节，也正尝试扶着床栏站起来，跃跃欲试地要迈出他探索世界的第一步。这个世界正在他面前徐徐展开。

生命真是神奇。我清晰地记得刚知道他存在的那天，夫人验孕棒上鲜明的两道杠给了我们莫大的惊喜。还来不及消化这个身份升级，当天我俩就要各自出差，飞往不同的城市。

夫人的预产期临近，我代表公司去外地完成了一个重要签约，然后火速飞回来赶到医院，在产房外等候儿子出生。那次几乎72小时没合眼。

墙上挂着用全家福照片做成的挂历，那是几个月前刚拍的，我们站在阳光下开心地笑着。儿子还不懂得看镜头，只是满脸好奇。

虽然才见面短短几个月，这个小家伙却给我留下一个又一个难忘的瞬间。我曾设想过未来无数个瞬间，我要告诉他怎么学习、怎么交朋友、怎么成为一个真正的男子汉，教他要树立自己的理想、实现自己的价值，教他怎么与这个世界相处，以及怎么让这个世界因为他的努力变得更美好一点点。我有太多想告诉他的事情。

但都来不及了。

我想我该给他写一本家书，把自己短短40多年有限的人生经验留给他，他长大后哪怕不记得爸爸的模样，我们也能有这份联结。从2021年下半年，我同意开始接受视频记录采访，也正是出于这个原因。面对媒体，起初我只接受文字采访，对于视频、纪录片等形式的报道一律拒绝。我希望大家关注渐冻症群体，关注我在做的推动攻克渐冻症的这些努力，而不希望关注我的生活。直到一个编导跟我说："这些影像记录其实也能留给孩子，让他懂事后看到他父亲真切的生活。"

这句话说服了我。是啊，我希望儿子记得我。如果没有办法看他长大，当他有一天看到这些记录，也能知道，他的爸爸是个认真努力的人。

家书从哪儿开始写呢？是给他讲讲我童年的故事，还是给他写一份人生指南？也许我更该立一份遗嘱，给家人的未来做好保障，让他们的生活不会因为我的缺席而天翻地覆。妻儿如何安顿，对老母亲如何尽孝，要把银行卡密码都交代清楚，为什么新生活刚刚开始又戛然而止，公司还有哪个业务可以最后助推一把，他们会不会迅速忘了我……思绪不受控制地跳来跳去，颠三倒四。时间仿佛一滴水落入海面，悄无声息地消失了。一抬眼，窗外已经泛起了鱼肚白。

夫人也一宿没睡。哺乳期妈妈本身就严重睡眠不足，她还要兼顾事务所团队的运转，还没出月子就已经投入工作，几个月下来，黑眼圈肉眼可见。本来想趁国庆假期歇两天，喘口气，却被我的迎头一棒彻底打乱了计划。

第二天，我们终于坐下来，认真面对房间里的这头"大象"。

"基本确定了是渐冻症，过几天去住院。"毫无新意的开场白之后，我几乎一口气说了10多分钟：疾病的情况，医生的诊断，未来的财务安排，孩子的抚养和教育……前一晚在我脑海里涌动的那些念头排着队从嘴巴里冒了出来。起初语言还算有条理，但随着夫人抑制不住的哭声越来越大，我就越说越乱，说一句停顿半分钟，直至完全沉默。

最终我还是说出了前一晚心里演练了无数遍的那句话："我们离婚吧。"

渐冻症的致残率百分之百，随着病情恶化，人的身体不能动弹，不但意味着无法继续工作，没了收入，而且穿衣、吃饭、说话的能力也会逐渐丧失，最后呼吸都必须借助呼吸机，需要24小时护理。家人根本照顾不来，还要请护工。不菲的人工费、昂贵的护理设备，以及随时可能降临的死亡风险，会让整个家庭陷入绝望。

我体会过那种绝望。1997年，我上大三，父亲肝硬化晚期，来北京301医院治疗。我跟学校请了假，和母亲、哥哥24小时轮班照顾父亲。父亲的病在老家被耽误了，送到北京时已经很严重了，在床上动弹不得。为了避免长褥疮和减轻持续的疼痛，那时候每20分钟我们就要给他翻身、按摩，帮他接大小便，基本彻夜不眠，白天又睡不了觉，连续几个月，所有人都已逼近身体的极限。但是父亲的病还是一天一天在恶化，他瘦得皮包骨头，浑身疼痛难忍，脾气也变得暴躁，动不动就骂人，话说得很难听。

被父亲骂的时候，我会控制不住闪过一个念头："我们都死了算了，让这一切赶紧结束吧。"那是一种身体上的疲惫和精神上的折磨，而现在，我就要成为那个拖累家人的人。我不想让夫人承受这些，我不想考验人性。

"我们又不是老夫老妻，结婚几十年那种。我们才结婚一年多，没必要弄得你这么痛苦。"

夫人已经泣不成声，她抬起头，直视着我。我想起向她求婚的那天，她也是这么直视着我，眼睛透亮，笑吟吟地说"好啊"。

一年多的时间，我的人生像过山车，而且是台失控的过山车，从海平面冲上珠穆朗玛峰，又急转直下，直抵马里亚纳海沟。如果一直是前40年的单身状态，面对这个病，我大概会更坦然一些。然而见过光明的人便不能再忍受黑暗，见过幸福的模样便会对庸常的日子越发绝望。

我甚至怀疑老天爷的恶意：它给了你一张幸福体验卡，却突然通知你，试用时间已到，且无法续时。

从小到大，我习惯了一切靠自己，而说出离婚的那一刻，我却感到从未有过的不安全感。我害怕她不答应，年纪轻轻就被我拖累，更害怕她答应，丢下我，转身离去。

夫人用手背抹了把眼泪，吸了吸鼻子，瓮声瓮气地说："你想都不要想！"接着又放平语气补了一句："结婚不就是为了相互提供后盾吗？现在，我就是后盾。"

眼泪夺眶而出。这几日连同这半年来积攒的无措、困惑、愤怒和不甘也瞬间化成哀伤涌了出来。她愿意做我的后盾，而我不确定自己还有没有勇气站在前方，拿起矛。

北京协和医院公布的研究数据，ALS患者中有三分之一之前被误诊为假性球麻痹或颈椎病，20%的患者做了不必要的颈椎手术。

在疾病早期，由于上下运动神经元同时受累的特征尚未显现，因此诊断困难，从症状出现到确诊的时间一般需要9~15个月，同时由于目前仍缺乏特异的生物学诊断指标，ALS需使用排除法确诊，很大程度上依赖于医生的临床诊断经验。

根据中国ALS协作组专家、北京协和医院神经内科主任崔丽英教授公布的数据，在基层医院，医生对这种罕见病的认识不足，误诊率更是高达58.6%。

——《中国渐冻人现状：误诊率高，用药率低》，

春雨医生，2018年3月14日

第二章

绝望与希望

"蔡大哥如果是癌症就太好了,祝贺!"

"人间地狱"

北医三院机场院区在首都国际机场边上，离我家40多公里。国庆假期后，我没让司机送，也不许任何一个家人陪同，自己直接打了个车过去住院。当时我和正常人无异，腿脚自如，肩能扛、手能提的，实在没必要再让其他人搭上时间。

机场院区是个新院区，环境比北医三院本部要好，人也要比本部少得多。一楼挂号大厅有三层通高，顶部是一个大面积的采光天窗，显得整个空间亮堂堂的。

然而几分钟后，我的心里就亮堂不起来了。

填完入院信息，先去交住院押金。缴费窗口前，排在我前面的老人正在包里翻找第三张银行卡，他递过去的前两张，都被工作人员告知余额不足。终于，第三张卡没有再被退回来。我在后面看着，心头发闷。

做了那么多年商业，又是搞财务出身，天天跟钱打交道，身边不乏身家过亿的精英才俊。看病钱不够这种事情，在我周边的世界不可能存在。

太难了。

然而，上到住院部7层，我才意识到自己感慨早了。这一层住的大多是运动神经元病患者。到护士站报道后，拿上病号服和写有名字的腕带，我顺着走廊往里走。过道上一些患者在活动，有的人在家属搀扶下吃力地迈步，有的人全身瘫靠在轮椅上。透过开着的病房门，还能瞟到有人喉部插着一根管子，一动不动地躺在病床上。我查过资料，当渐冻症患者不能自主呼吸时，必须进行气管切开术（简称"气切"），靠呼吸机来维持。

短短几步路，我脑子里闪过4个字：人间地狱。

这不是我该来的地方。

我极力克制住想立马逃跑的冲动，收回眼睛，快步往前走。我的病房在走廊尽头倒数第三间，这是个三人间普通病房，一进去，9床和7床都住着人。不用问，8床就是我的位置了。跟同屋简单打了个招呼，我便坐到床边，没再说话，低头看手机。除了之前父亲住院期间陪护父亲、夫人生产时照顾她和宝宝，我对住院的经验为零。这里的一切让我觉得格格不入，无所适从。

我向来是强悍的、充满活力的，有使不完的劲儿在工作和学习上，是社会的中流砥柱，怎么可能像个病人一样躺在床上？我蔡磊还得干大事呢。

还好有手机这个东西。邮箱里动辄上百封的邮件，微信里从没消停过的工作信息，此刻倒是给我无处安放的注意力找到了落脚点。那天上午，我甚至还开了两个电话会议，中间被护士打断："8床人呢？"

我说我就是。

"哦，你没穿病号服，还以为你是患者家属。"

我不置可否。进门以后，病号服就让我扔到了床尾。好吧，我承认，我根本就不想换，穿上它我就成了这里的一员。而我现在除了左胳膊略感没劲儿，其他都好好的，跟正常人一模一样，我压根儿就不属于这里。说不定明天我会被告知误诊了，一切只不过是个有惊无险的小插曲。

误诊通知没等来，第二天先等来了抽血的通知。

一大早5点钟，我被护士叫醒。头顶的白灯晃得人睁不开眼，我迷迷糊糊地把右胳膊挪到床边，按照指示伸手、攥拳。我害怕扎针，特意把头转向左边。感觉五六分钟过去了，耳边一点儿动静都没有，我纳闷怎么还没抽完，扭头一看，托盘里已经放了七八管血，而护士丝毫没有要停的意思。还没等我问，她先开口了："别急，得抽十几管呢。"

从这一天起，抽血就成了家常便饭，因为需要大量的血样去化验、做排查。这正是我这次住院的核心任务——排查病因。渐冻症是一个没有诊断"金标准"的疾病，也就是说，它没有明确的生物标记物去直接进行诊断，只能通过一项项指标来排除运动神经元异常是由其他病因所致的可能性。

其中一项是做脑脊液检查，这是神经内科比较常见的检查项目。脑脊液是存在于人脑室和蛛网膜下腔的一种无色透明液体，可以简单被理解为，我们的大脑和脊髓就"漂浮"在脑脊液中。这个液体既起到缓冲作用，在我们运动、跳跃或撞击的时候，会保护我们像豆腐一样脆弱的大脑不会撞到颅骨，同时又能为大脑提供营养。检查脑脊液，可以发现中枢神经系统是否发生了病变。

但怎么取脑脊液呢？肯定不能直接扎破脑膜抽出来。脑脊液是不断循环的，从脑室到脊髓，再回到静脉系统。在它流经的所有位置中，腰椎是取液最方便、最安全的部位，所以医学上一般都是通过腰椎穿刺的方式抽取脑脊液，俗称"腰穿"。而这也是最让我头皮发麻的一项检查。

那天上午，我的腰穿直接在病房进行。当看到推门进来的是一位年纪轻轻、学生模样的医生时，我心里咯噔了一下。谁都知道，这类有创性检查（严格来说，腰穿算得上是一个小手术）的体验很大程度上取决于医生技术的好坏。虽说每位医生都有一个从生疏到熟练的过程，但没人希望生手拿自己练手，更别提是这个扎针的项目。

我按要求把上衣掀起到胸部以下，朝右侧躺好。医生先用手指在我脊椎周围按压了三四下，大概是在找穿刺的位置，然后按的范围又慢慢外扩，戳到了腰两边，不知道到底要扎哪儿，她每戳一下我都恨不得打一激灵。这开场几十秒的铺垫，我的心脏已被成功地提到了嗓子眼。接着，医生对穿刺部位进行清洁消毒。消毒棉落到皮肤上冰冰凉的，而我的额头却开始发潮。消毒棉每擦一下，我那颗要从嗓子呼之欲出的心脏就扑腾得越发剧烈。等铺上洞巾，打完麻药，双手抱膝、背部弯曲呈大虾状的我，心跳已经直奔180。

因为背对着医生，我看不见她的操作，但越看不见就越忍不住脑补，越脑补就越觉得吓人，我仿佛看到那根长度超过10厘米的针要一层层穿过我的皮肤、皮下组织、韧带，插入两块腰椎之间。第一针下去后，那根针似乎略有迟疑地往外退出了一些，然后调整角度，再次深扎下去。这时我已经无力关注心跳快慢了，全部精力都在控制自己身体的稳定。

"放松，放松……"医生反复提醒着我，但听声音，她的紧张程度似乎也不在我之下。我也想放松，但大脑神经根本不听使唤。即便打了麻药，我也能感到针头在我的脊椎里拱来拱去。它终于不再动了，静止了三四秒钟，身后却传来轻不可闻的一声"咦"。

"放松，放松，你太紧张了，脑脊液滴不出来。"医生一边说着，一边轻轻拍打我的后背。

大约20分钟后，我终于被告知"可以了"。"平躺8个小时不要动，以免漏脑脊液。"医生嘱咐道。

腰穿后，部分脑脊液的流失可能会对颅内压造成影响，所以需要平躺，使颅内压恢复平衡，避免引起头痛、头晕等不适。于是，我严格遵医嘱，老老实实、纹丝不动地平躺着，看着天花板从明亮到柔和，再变成偏黄的暖色调。上学时觉得站军姿要命，原来"躺军姿"更要命。我本来就有腰肌劳损，当8个小时的计时器响起、我准备翻身动一动的时候，感觉人几乎被分成了两截。

长这么大，头一回真切体会到"腰断了"这个词的力道——字面即精髓。

这个罪可别再受了，我腰疼得想骂人。那时我想不到，接下来的两年里，这样的体验还要经历5次，更有一次穿刺针压到了我的马尾神经，使得整个臀、腿、脚持续麻痛了40多分钟不能动弹。自那以后，本来就怕针的我开始晕针。后来我也知道了，腰穿后一般躺4~6个小时即可，没必要躺8个小时，且可以适当地侧身，尽量保持颈椎不要过于弯曲就可以。

真不希望任何人用上这些经验。

除了脑脊液检查，渐冻症检查还有一个重要的项目是做肌电图，它能检测出你的肌肉萎缩是肌源性损伤还是神经源性损伤，即是肌肉出了毛病，还是神经元、中枢神经有了病变，或是外周神经发生了病变。这也是一种微创性侵入检查，要将电针扎到肌肉深层，再通电刺激，根据肌电信号的波形来判断神经元是否受损以及损害程度。

北医三院的肌电图检查非常专业，也非常紧俏。从我住院第一天医生就安排了预约，排到我检查已经是10天以后了。虽然知道这是确诊渐冻症的一个关键指标，但我可一点都不期待，因为之前在协和医院检查时，我就见识过它的厉害。那个针要比针灸用的针粗不少，扎进肉里的每一下，我都感觉身体被捅出了个窟窿，针拔出来的瞬间经常会带出血。先不说痛感，视觉效果也足够惊悚。

特别是之前我只做过手臂的肌电图，而这次在北医三院做的是全身检查，从双脚、小腿、大腿到腹部、手、胳膊、肩肌，要挨个扎一遍。从局部到全身，疼痛指数简直是质的飞跃。

针扎下去才只是开始，随后，医生会来回摆动针在肌肉里的位置，换多个方向，然后通电。起初电流较小，只是轻微的麻痛感，随着电流逐渐加大，每通电一下，我整个人就感觉突然一震。整个检查做下来四五十分钟，称得上是度秒如年。

后来我跟夫人描述这个"酷刑"，她心疼地说："可怜的紫薇。"

可人家容嬷嬷扎紫薇的针也不带电啊！

等我一瘸一拐地从肌电图室回到病房，同屋的7床老朱问我，扎没扎舌头。我说没有，大概医生看我说话还很正常，才放过了我的舌肌。老朱说："那你还算好的，扎舌头才是真的要命。"

人生倒计时

住院一周多，我跟病友慢慢熟悉起来。9床的大爷是脑卒中，年龄较大，所以我和老朱聊得更多一些。他也是渐冻症患者。

老朱40多岁，人很憨厚，是河南的一名公职人员。一年前开始右腿发软，觉得脚重，提不起来，一走路就有要往下蹲的感觉。最初他也没当回事儿，直到摔了两跤才不得不重视。去当地医院的骨科检查，查风湿、类风湿这方面的问题，都没查出什么；从头到脚的CT也都拍了，同样没发现原因。后来到北京看病，医生怀疑是渐冻症，住进北医三院的时候，他的右腿已经几乎不能动了。

渐冻症有不同的亚型。我和老朱都是从四肢开始发病，有的人是从口腔肌肉发病，隔壁的小王就是这种。小王38岁，外企白领，先是变得说话"大舌头"，好像嘴里含着一个东西。几个月之后，他的嘴已经张不开了，舌头也伸不出来了。这种情况，医生首先会考虑脑梗死，因为说话困难是脑梗死的普遍症状。虽然CT、磁共振成像做了很多次都没查出什么，但也没有其他方向，就只能按照治脑梗死的思路吃了一年多的药。直到2019年，小王已经咬不动玉米粒了，而且体重快速下降，几经周折，才第一次有医生初步诊断是"球麻痹"。这个病别说普通人没听过，他在医院工作的朋友也闻所未闻，最终确认为运动神经元病。

我后来才了解到，渐冻症因为是罕见病，且不好诊断，渐冻症患者从发病到确诊平均耗时13个月。而这个病的平均生存期也不过2~5年，所以确诊时人基本已经不能生活自理了。

好好的人突然发病、求医无门、问诊波折，这样的故事每个病房的人几乎都能给你讲上一整天。哪怕不刻意打听，大家天天抬头不见低头见，关于病情，相互之间也自然了解个七七八八。我们还建了个小群，最初五六个人，慢慢发展到十几个。大家会分享一些渐冻症如何护理的注意事项，聊聊各自今天又做了什么检查，以及一个不可避免的话题——死亡。

从住院第一天起，我就开始了解渐冻症的相关知识。起初是通过网络搜索看一些官网，后来开始查专业文献，把国内外学术期刊网上所有可以找到的关于运动神经元病，包括关于神经退行性疾病的论文，全部下载下来，逐字逐句地读。为了提高读论文的速度，我还找到了专业的医学翻译软件。夫人是药学出身，她一看，软件翻译得很准确。经她验证后，我便开始海量地翻译、阅读，翻译、阅读。

读得越多，越了解这个病，我也越能体会到樊医生说的这个病的残酷之处。

神经退行性疾病一般是指由神经元逐步凋亡或功能受损导致的疾病。像帕金森病、阿尔茨海默病，都是重大的神经退行性疾病，只是作用于不同区域的神经元细胞。当中脑的多巴胺能神经元受损或凋亡，经常会导致帕金森病；当颞叶内侧海马神经元细胞死亡，人的记忆会退化，一般表现为阿尔茨海默病；而当运动神经元出现问题，则会导致运动神经元病（最典型的是肌萎缩侧索硬化）。

人体的骨骼肌是由运动神经元支配的，当神经元凋亡，肌肉失去了支配，就会逐渐萎缩，以及出现腱反射亢进、肌张力增高、肌束颤动等症状。

"肌肉逐渐萎缩"6个字背后，是常人难以想象的折磨和痛苦。喝水、吃饭、穿衣、上厕所、拿手机、打字、发声……你会眼睁睁看着这些曾经轻而易举的事情变得难如登天，甚至你都没法自己翻身。疾病发展到后期，人的身体会像"融化的蜡烛"一样坍塌下去，无法说话，也无法吞咽，"吃饭"要靠胃管往胃里注入食物，呼吸需要靠机器维持，大小便无法自理，排便的时候需要人工去抠。人会活得毫无尊严可言。

其实"渐冻症"专指肌萎缩侧索硬化，后来民间将其含义逐渐扩展了，也用来描述有类似症状的其他疾病，不过这样是不准确的。虽然媒体上时不时会出现"某某渐冻症患者被治好"的消息，但严格来说，目前能治好的都不是肌萎缩侧索硬化。肌萎缩侧索硬化患者的平均生存期仅有2~5年，就算有人一天24小时寸步不离地看护，鲜少有人能活过10年。

世界上最极端的例子是霍金，这位全球最著名的渐冻症患者，21岁确诊后，医生判断他只能活两年，但他顽强度过了55年，76岁去世。之所以能创造这样的奇迹，一方面得益于他本人乐观向上的精神；另一方面，也是最为关键的，就是渐冻症的分型不同，这也是影响患者生存期的决定性因素。近年研究主要将渐冻症分为数个临床表型，霍金的病型有可能属于一种可以避免呼吸系统受损的疾病类型。几乎大部分渐冻人最后都是因为呼吸衰竭而死亡，所以如果呼吸系统不受损，患者通常存活率较高。

当然，霍金的奇迹也有赖于顶尖医护人员数十年如一日的细致护理。他日常的进食主要依靠护理人员，避免了可能因吞咽肌肉退化导致的脱水或营养不良。对于他，可谓倾国家之力去维持他的生命，最先进的医疗设施、最专业的护理团队，成本高昂到一般人无法想象。

所以，他的案例全世界找不到第二例，是所有渐冻人都无法企及的幸运。

对普通患者来说，就算有人全程照顾，想维持住他们的生命也并不容易。渐冻症患者的死因各种各样，有呼吸受阻、被一口痰堵住导致死亡的，有呼吸机突然断电而死亡的，有绝食、自杀的，也有被家人放弃而死亡的。

还有一种情况——走路摔死的，这个死因听起来简直匪夷所思。普通人走路摔跤的时候，会本能地用手撑地，保护头部，而上肢发病的渐冻症患者，两只胳膊丧失了支撑的力量，只能眼睁睁地让自己的头砸到地面，有时候就这样直接摔死了，即使没摔死，也要缝上十几针。

不管是毫无尊严地活着还是意外凶险地死去，我们都是不能接受的。相比之下，安乐死能够没有痛苦、相对体面地结束这一切，成了一个极具吸引力的选择。现在说起来像笑谈，但当时我们四五个差不多年纪的病友，曾认认真真地研究过路线、流程以及如何联系，想要组团去死。直到一个病友联系了瑞士相关机构，被告知一个人的费用大概要30万元人民币。

"30万元？算了算了，别再给家里添负担了。"至此大家就没有再讨论过这个话题。

死都这么贵，不知道该哭还是该笑。

老朱从不参加"组团赴死小分队"的讨论，他说他是家里唯一的收入来源。"我死了就死了，但是能多撑两天就多撑两天，能多领几个月工资，媳妇孩子就有饭吃。"

说这话的时候，我俩站在病房的窗户前。楼下一个捡垃圾的流浪汉恰好经过，老朱打住话头，盯着那个身影，眼里全是羡慕。想必我目光的成分跟他并无二致。那个流浪汉能四肢康健地沐浴着阳光，而且，似乎拥有绵延的生命。

而我们，已经进入了倒计时。

剩下的日子，你要怎么过？

人真是一种复杂的动物。我一边研究死，一边海量地查文献、看论文，想要找到活命的机会；一边觉得自己已经接受现实，接受死亡，该工作工作，该开会开会，一边又在夜里辗转反侧，盯着黑漆漆的屋顶发呆。

其实从第一次见樊东升医生的那天开始，我就睡不着觉了。住院后，这种情况变得越发糟糕。

医院晚上10点统一熄灯，我习惯性地在手机上继续处理一些事情，仿佛只有在工作、钻研文献时才能暂时忘记自己的病人身份，一旦躺下，潜意识中的绝望和焦虑马上就会奔涌而来。强迫自己闭上眼睛，却感觉闭着眼比睁着眼时看到的东西还多、还杂。耳边细微的嗡嗡声让一切显得不真实，我分不清那个声音来自耳朵还是大脑，是梦境还是现实，只觉得夜晚的安静又将那个声音放大了数倍。迷迷糊糊之间又突然完全清醒，点亮手机，2:06。左臂上的肌肉仍在持续地跳着，像是在用尽全力跟我做最后的告别。想想未来几年里，全身上下的每一处肌肉都会相继丧

第二章 绝望与希望

失功能，直至全部丧失。2 年？3 年？或者老天眷顾，能留给我 5 年？脑子里闪着这些数字，慢慢模糊，不知多久后又瞬间变清晰，一看时间，3:20。为什么时间过得这么慢？不，为什么时间过得这么快，为什么不能多留给我一些时间，为什么是我……一连串的"为什么""凭什么""怎么办"旋转着涌入一个没有尽头的隧道，我被推搡着一直往前却一直走不出去。等终于看到前方一个亮点，像是隧道出口，一睁眼，时间已经指向 5:00。护士要来抽血了。

有半年的时间，我每天夜里几乎都是这种状态，即便勉强睡着，一晚也要醒四五次。这种状况在病友中极其普遍。绝症患者一般都会伴有心理问题，在海啸般的绝望、恐惧、焦虑面前，人会被瞬间吞噬。不少人会陷入抑郁，所以医生会主动给开一些抗抑郁的药。

我的药也摆在床头柜里。这类药多少都会有些副作用，会让人昏昏欲睡，那样的话日常工作、开车都会受影响。我纠结了很久，最终还是一粒都没吃。吃药后昏沉的大脑和睡不着觉困倦的大脑，我宁愿选择后者。既然我明确知道海啸的源头在哪里，那么与其在下游拼命地舀水，不如直接去根源解决问题。

我也同样拒绝吃力如太。目前它是世界上唯一能够延缓渐冻症，能够从死神手里抢下 2~3 个月存活期的"特效药"。住院第 17 天，医生给我开了一盒，让我赶紧吃起来。

之前我虽然嘴上不说，但心里仍多多少少抱有希望，觉得自己可能并非渐冻症。毕竟做了两个多礼拜的检查，医生始终没有写下明确的诊断。而"力如太"的到来则无异于用另一种方式宣判了我的死刑。

如果真的是渐冻症，多活两三个月有意义吗？

躺在床上睡不着，我就戴耳机听李开复的《向死而生》。这是他在战胜淋巴癌之后写的书，与死神擦身而过，让他开始重新思考生命的意义。在书中，他得出了一个朴素又近乎是真理的结论：健康、亲情和爱要比成功、名利更重要。李开复从中获得了对抗疾病的力量和勇气。

反观我自己：人生41载，我又获得了什么呢？

用现在的流行词来说，我就是典型的"小镇做题家"，出身五六线城市，只能靠勤学苦读走出小地方、走向大城市，改变人生命运。但对我来说，"苦"的不是读书，苦仿佛是我人生的底色，我常形容自己是"苦大仇深"，坚信"一切都要靠自己打拼"。这也是父亲从小灌输给我们的理念。

父亲是个军人，农村家庭出身，兄弟姐妹七人，他是老大。家里最饿的时候连活老鼠都吃过。后来他成为一名军人，也成了大家庭的顶梁柱。退伍后他转业到商丘市财政局。在我们家，他把吃苦耐劳、坚韧不拔的军人作风发扬到生活的方方面面，对我和哥哥极其严格，每次吃饭基本都是给我们上思想课，教育我们要好好学习，努力拼搏。

从小我就知道我家条件不好。我们住在一个部队大院，不知道为什么，别人家都住着带暖气的楼房，而我家是平房，没有暖气不说，屋里还四面漏风，到了冬天室内都能结冰，手脚冻得

第二章　绝望与希望

红肿溃烂。壁虎、虫子在墙壁窟窿里爬来爬去。我和哥哥没什么玩具，玩的都是别的孩子扔掉的，穿的也是打补丁的衣服。在这种条件下，要想过上好的生活，就要比别人做得更好，而我们也不聪明，只能笨鸟先飞，付出比别人更多的努力。

所以从五年级开始，我每天四五点起床，跑步、打拳、背英语。上了省重点中学，我经常是全班第一名，全校第二名，考试大部分功课都是100分，同学们都管我叫"外星人"。但其实大家并不知道，我经常强制自己用一半的考试时间就提前交卷，多数科目依然可以拿到满分，以此严苛要求自己。

高考后，父亲在我的志愿表上填报了中央财经大学。他自己做财务，所以认为我学财务也理所应当，但我极度抗拒。我的目标是北京大学，而且要上我最喜爱的空间物理学专业，因为我一直的梦想就是当科学家，探索宇宙，探索UFO（不明飞行物）。

不过家里的现实条件没给我反抗的机会。父母都是穷人出身，在他们眼里，有一份稳定的工作、一项能够傍身的技能养活自己，不是很好吗？

最终我还是服从了他们的意愿，科学家梦想破灭，还因此抑郁了三年。现实也容不得我继续抑郁，大三那年，年仅47岁的父亲去世，不仅让家里失去了顶梁柱，而且为了治病我们几乎花光了家里的所有积蓄。为此，赶紧毕业挣钱是我当时唯一的选择。

儿时家庭生活的窘迫和时常面对的困难，铺就了我人生的底色。大学毕业后，我进到机关单位工作，当公务员，后来又以全国统考系内前三名的成绩考取了中央财经大学税务系的公费研究生，师从全国人大常委会委员、全国人大财政经济委员会前副主任委员、中央财经大学税务系主任郝如玉教授。研二时，我被借用到国家税务总局政策法规司税改处，参与了企业所得税"两法合并"（当时我国实施《企业所得税法》和《外商投资企业所得法》双轨制）提案等工作。研究生毕业那年，我参加了国家部委公务员考试，考了150多分，超出录取线几十分，但最终我选择了另一条道路，进入当时世界500强排名前十位的三星集团，在中国总部担任税务经理，由此开启了我职业经理人的生涯。在那里，我接受的理念是"员工不加班，公司必然死亡"，员工就要为公司拼搏、拼搏、再拼搏。29岁，我又加入万科任集团总税务师，那时候半夜离开办公室是常态，周末、晚上都用来研究房地产行业。

2011年年底，我加入京东，有幸参与支持京东上市相关工作。2013年6月，我带领团队开出了中国内地第一张电子发票，每年可为公司节省上亿元的财务成本，并将电子发票成功推广到各行各业。在做好本职工作的同时，我几乎都是利用夜晚和周末的时间连续创业，为公司开拓新的价值。

我发过一条朋友圈："没有谁强迫我加班，但我晚上总是工作到很晚，被人说是工作狂，可是我真的很有热情，尤其是面对棘手复杂的问题，事情越棘手、越难搞、越有挑战，我就越充满激情，越觉得又是我发挥能力的好机会，工作干得越爽。"

时间都投入在工作上，生活自然是枯燥的。我就是一个枯燥的人。在40多年的人生中，我几乎没有专门外出旅游过，别说是出国旅游，连国内游都几乎没有。仅有的两次出国，一次是2013年，为了拓展京东的国际化业务，去了俄罗斯；一次是2015年京东组织高管去美国硅谷考察。仅有的一次国内游是跟夫人去拍婚纱照。在北京上学和工作20多年来，我连故宫和长城都没有参观过。每年的年假也基本都是正常工作，连婚假都没休。

我几乎是在用别人双倍的速度回答着人生这份考卷，正如十几岁的我偷偷做的那样，总试图用一半的考试时间就交卷，且仍要求自己拿满分。老天爷大概也掐着表，在我人生半程刚过就提前过来，想要把卷子收走。

然而这一次我还没答完，也不愿意离开考场。

我还能做点什么

这两年很多媒体采访我，经常会问我一个问题："如果你知道会得这个病，之前40年还会选择一心扑在工作上吗？"

在他们看来，我就是一部工作机器，一个不能接受哪怕一分钟不工作的"奇葩"。我也知道他们大概已经预设了答案，那就是"不会，我会用更多的时间来陪伴家人、享受生活"。这可能也是大多数绝症患者的选择。

但我的真实想法是：我仍然会像以前那样做。

现在回过头来看，当这个世界第一绝症横在我面前，把毫无防备的我推下深渊时，很大程度上正是那种已经成为惯性的要强和拼搏劲头拽住了绳子的那一头，把我从深渊中一点点拉了上来。住院期间，除了刘强东刘总等个别领导和我的少数下属，公司上下都不知道我得病，因为我依旧参加各层级的会议，按时提交高管周报，手上的项目一个不落地向前推进。在一天天充满煎熬的检查和等待中，与其说工作需要我，不如说我更需要工作。

当然，绳子那头拉住我的还有更多的东西。

一天晚上11点半，早过了病房的熄灯时间，我还在查资料、处理工作，一扭头发现老朱还没睡。平时这个点他早该休息了。

"你咋还不睡？"我问他。

"等你呢。"

我突然想到，之前闲聊时他问我怕打呼噜吗，我随口说："肯定怕，但是我先睡着的话你随便打，多响我都不会醒来。"无意间的一句话，老朱竟然记到了心里，每天都是等我先躺下，他再睡。

这么好的人，为什么不能多活几年？

住院之前，我接触的基本都是商业精英或者工作上的合作伙伴，而这一个月来我结识了好多天南海北的病友，有些甚至不识字。以前我从未想到会和他们产生交集。他们都这么善良，本该拥有幸福的人生。

我想帮助他们。

这么多年来，我一直要求自己成为一个强者，甚至成为王者，一次次努力超越别人，这也是社会的主流追求。但静下心来想，其实我们已经很强了，强大到具备了帮助别人的能力。相比于这些病友，起码现在我的身体状况要强不少，我还能正常行动，还有两三年时间可以支配。而且坦诚地说，在调动社会资源方面，我也更有优势。

这大概就是上天要交给我的使命，它仿佛在说：蔡磊，这个病很残酷，所有病人都无比绝望，你还有点儿能力，愿不愿意为这个病的救治做点什么？

毫无疑问，我愿意。

我不是没想过趁有限的时间去旅游、享受生活，但我心里知道，那不是我，也不是我想要的。我的病友要么已行动不便，要么只能卧床维持，但是我还能战斗，那我就该去战斗。如果我们自己都不努力，还能奢望别人为我们努力吗？

2019年10月底，我等待的最后一份检查报告终于出来了，上面显示我的Yo抗体呈阳性，有可能是副肿瘤综合征。这意味着，我可能是因为癌症才导致的肌肉萎缩。

这对渐冻症患者来说简直是天大的好消息。尽管同样是绝症，但毕竟有治疗手段。在所有病友的心目中，只要不是渐冻症，得什么病都行。

拿到报告时，母亲正好在病房。住院期间，我一直不让家人来陪我，因为实在太耽误时间。母亲却总是不听，而且她不舍得打车，每天都要倒几趟公交，花三个小时来医院陪我待一会儿，再坐公交车回去，来回在路上就要折腾约6个小时。"癌症指标阳性"几个字，大概是她这几周来听到的唯一一个好消息。

我把报告结果发到我们那个小病友群，群里立刻炸开了锅。

"恭喜蔡大哥癌症指标阳性，大赞！"

"蔡大哥如果是癌症就太好了，祝贺祝贺。"

气氛热烈得像过年。不知道的人看到这些留言，估计会当我们在的是精神科。

当时老朱已经出院了，看到微信消息，他直接发了条语音过来，用他辨识度极高的口音喊道："蔡老弟啊，太好了，太好了……"

全世界恐怕只有一个群体会为得了恶性肿瘤而开心吧。

绝症病友之间的情感是一种特殊的存在。原本每个人都有各自的轨迹，毫无关联，甚至是相隔千里的平行线，有一天却在人生最黑暗的一个点交会。他们见过彼此最狼狈无助的一面，也在深渊中抱团取暖，用那点儿微弱的温度共同抵御着凛凛寒风。

人类的悲欢并不相通，但绝症病友之间可以。他们自己身处深渊，却会为身边的朋友存有被拯救的机会而欢呼雀跃。

其实面对他们的反应，我在感动和开心的同时也夹杂着愧疚。原本大家同在火坑里，现在你自己跳出去了，底下的人还在给你欢呼，你怎么好意思接受？

病友小王从隔壁"奔"过来祝贺我，声音虽然含混不清，但我听得真真切切："恭喜你解脱了！"我说："就算我解脱了，我也要跟你们在一起。"

拿到报告的第二天，医生通知我出院。医院已经做完了所有可能的排查项目，再待下去我也无事可做。将近一个月，我终于可以回家了。走出院门的那一刻，我已决定：我要为渐冻人的救治而努力！

老天并没有赶我离场，它扔给我一份新的考卷。

运动神经元病（MND）的主要类型：

- 肌萎缩侧索硬化（ALS）：平均生存期 2~5 年，目前没有阻止病情或逆转的药物，延缓病程的效果微弱。
- 进行性肌萎缩（PMA）：病情进展较慢，病程 10 年以上。
- 原发性侧索硬化（PLS）：进展慢，平均生存期超过 10 年。
- 脊髓性肌萎缩（SMA）：根据年龄和病程分为 4 型，针对Ⅰ、Ⅱ、Ⅲ型已有上市药物可阻止和改善，成人起病的Ⅳ型进展缓慢，不影响寿命。
- 遗传性痉挛性截瘫（HSP）：积极地配合治疗，不影响患者的寿命，可以长期生存。
- O'Sullivan-McLeod 综合征（O'Sullivan-McLeod syndrome）：又称"慢性远端脊髓性肌萎缩症"，进展缓慢，几乎不影响寿命。
- 平山病（HD）：又称"青少年上肢远端肌萎缩"，良性自限性下运动神经元疾病，可停止发展。
- 肯尼迪病（SBMA）：又称"脊髓延髓性肌萎缩"，预后较好，不影响正常寿命。
- 米尔斯氏综合征（Mills syndrome）：进展缓慢，病程超过 20 年。
- 指伸肌无力伴下跳性眼震型 MND（FEWDON-MND）：进展缓慢。
- 假性多神经炎型 ALS（Pseudopolyneuritic ALS）：进展缓慢。

易与肌萎缩侧索硬化相混淆的疾病：

- 多灶性运动神经病（MMN）：发病缓慢，免疫治疗预后良好。
- 脊髓灰质炎后综合征（PPS）：可以预防，不影响寿命。
- 脊髓空洞症：通过手术或药物可治疗。
- 周围神经病：免疫系统疾病，可治愈。
- 包涵体肌炎：预后好，不影响寿命。
- 中毒性周围神经病：可好转或治愈。
- 糖尿病神经病：可有效治疗，预后良好，可在3~6个月后恢复。
- 腓骨肌萎缩症：进程缓慢，不影响预期寿命。
- 副肿瘤综合征：可改善症状，提高患者的生命质量和延长寿命。
- 多发性硬化：预后良好，病后存活期长达20~30年。
- 重症肌无力：预后较好，部分患者经治疗后可完全缓解。
- 肌营养不良：病程缓慢，部分类型不影响寿命。
- 脊髓小脑性共济失调：复健训练可延缓病情恶化速度。
- 脊髓型颈椎病：手术能缓解、改善脊髓功能。
- 脊髓蛛网膜炎：通过手术或者药物都可以治疗。

2
堂吉诃德

第三章

最后一次创业

"要挑战,就挑战个大的。"

200年的谜团

1938年，35岁的美国棒球手卢·格里格（Lou Gehrig）感觉有点儿不太对劲，却不知道哪里出了问题。

他20岁就签约了纽约扬基队，22岁作为先发一垒手出赛。从那之后的14年里，他没有缺席过美国职业棒球大联盟的任何一场比赛，创造了连续出赛2130场的惊人纪录，被称为"铁马"。这个纪录直到半个多世纪后的1995年才被打破。

然而，从1938年开始，事情变得不一样了。那个赛季，格里格的表现突然一落千丈，且毫无征兆，让所有人都摸不着头脑。他出棒的时间点仍然抓得很准，棒子也依然能准确地打到球，但是不知为什么，他用尽全力，却只能打出软弱无力的小飞球，以往的长打威力不见了。有一次他的室友发现，格里格竟然半天都没能拧开番茄酱的盖子。要知道，他平常的力量训练可是要举起数百磅的重量。

慢慢消失的不只是力量，还有全身的协调性。他行动越来越不灵活，在更衣室或是球场上经常莫名其妙地摔倒。当时媒体记者和球迷们都认为，格里格连续14年出赛造成的身体损耗以及全身大大小小的伤病，让他陷入了低潮。然而，这个"低潮"似乎没有尽头。

1939年赛季更成了格里格的噩梦。尽管他加倍苦练，却仍然无法找回他过去的力量。1937年他的打击率高达0.351，1938年降到0.295，而到了1939年已经跌至0.143，他连跑垒都成了问题。最终，他不得不主动要求教练把自己替换下去。14年不间断出赛的传奇至此终结。

起初格里格的妻子觉得他得了脑瘤，也有医生猜测是他的饮食导致的胆囊方面的问题。1939年6月，他们走进明尼苏达州的梅奥医学中心，一年多来的谜团才终于揭开。医生给出了明确的诊断，格里格患的是肌萎缩侧索硬化。

确诊那天，正好是他36岁生日。

这位美国历史上最伟大的一垒手不得不选择退役，至此告别运动生涯。两周后，即1939年7月4日，卢·格里格在扬基体育场发表了著名的告别演说。面对全场6万多名球迷，他数次激动得说不出话。他说："过去十几天，想必你们都听闻了我患病的噩耗。但此刻，我仍认为我是地球上最幸运的人。"

1939年，这个病才被发现大约100年。19世纪20年代，第一次有医生发现并描述了这个病。1869年，"现代神经病学"之父、法国科学家让·马丁·沙尔科（Jean Martin Charcot）经解剖发现了该病的病理现象，分析出它跟很多其他运动神经元疾病的差异，并于 1874 年正式将其命名为"肌萎缩侧索硬化"。虽然这个病是致命的，症状也非常严重，但放在整个人群中发病率并不高，所以一直以来除了病患及其家属，社会对它几乎是陌生的。大部分人只知道格里格生病了，但没人料到这个病会如此凶险。仅仅两年后，卢·格里格就溘然长逝。为了纪念他，在北美地区，肌萎缩侧索硬化又被称为"卢·格里格症"。

不仅当年无药可治，如今又 80 多年过去了，对于究竟是什么原因导致了运动神经元的凋亡，在科学上仍然没有很好的解释，相关的疗法也鲜有突破。

为什么会这样？

出院后，我第一时间找到了樊东升医生。他说，渐冻症病因不明，一是因为它累及的主要器官是大脑和脊髓，这是两个非常重要的中枢神经器官。不像人体其他部位的病变可以做活检，比如皮肤生病了，医生可以取一块皮肤进行检测化验，但是对大脑和脊髓来说，不可能在患者生前完成这项工作。二是因为它是罕见病，发病率低，医生和科研机构能掌握的样本数据不够。

"您现在手上有多少个案例？"

"从 2003 年到 2013 年，北医三院注册登记的渐冻症患者有 1600 多例，而 2013 年到 2017 年底，新增病例有 3000 多。"

"多少？"我怀疑自己听错了。

统计数据显示，我国每年新增渐冻症病例约 2.3 万人，10 年就是 20 多万人。实际上，不少农村患者没法去大城市诊断，没确诊就去世了，所以真实病例很可能不止于此。按照病程2~5年估算，目前全国的渐冻症患者也应该有6万~10万人。樊医生深耕渐冻症30余年，是该领域最权威的专家之一，全国各地的患者都会慕名找他诊断，但为什么这么多年下来，他才只有几千个病例？

"病人在不同的医院问诊，医疗数据不能打通啊。"他感叹道。

的确，求医问诊这半年多来，我也切身感受到这一点。我在不同医院做的检查数据，除了一些实物的报告或胶片，大部分数据并不能共享。比如，协和医院看不到我在北医三院做的检查，天坛医院也无法拿到我在北医三院的就诊记录。医院之间的数据藩篱是现在医疗面临的普遍情况。不是医院之间不愿意共享，而是由于体制设计、患者隐私等一系列因素，患者的就诊治疗信息只能留在本院。

别说医院之间的数据没有打通，有的医院，甚至科室与科室之间也无法打通。

数据阻隔不光会带来不便，更重要的是，在医疗行业，样本、病例是疾病识别、诊断以及药物研发的基础，如果没有足够的病例，其他各个环节必将是极其低效的，甚至寸步难行。

道理很简单。

传统意义上的"名医"，本质上来说，其厉害之处就在于他见过更多的病例，积累了更多的专业知识和诊断治疗经验。这也是大部分人认为医生越老越值钱的原因。但话说回来，一个医生，穷极一生又能看多少个病人呢？尤其是罕见病，一个专家从业二三十年能碰到的病例可能也就几千个，这个量级对疾病分析研究来说，可谓杯水车薪。

因此，医疗行业对于数据的渴求是极为迫切的。我们现在常说"互联网+"，大数据给各行各业带来了颠覆性的变化，医疗行业尤其如此。很多公司也看到了这个需求和机会，纷纷入局人工智能医疗，比如 IBM 的沃森（Waston）。

早在 2013 年，IBM 就大胆宣布要将超级计算机沃森应用于医疗保健行业。当年沃森在智力竞猜电视节目《危险边缘》（*Jeopardy!*）中击败了两位人类冠军，轰动全球，各行各业都看到了巨大的商机，希望成为 IBM 的客户。医疗行业是美国最大的产业，而且当时美国正在转向全民电子健康记录，预计会产生丰富的数据，所以 IBM 瞄准智能医疗，想要改变医疗行业，不但有深刻的社会意义，而且预计也能给公司带来可观的收益。

接下来的 8 年里，IBM 在沃森部门砸进去数十亿美元，可谓下了血本。他们一上来就把目标锁定在了医疗行业最大挑战之一的癌症上，认为只要给沃森"喂养"足够丰富的数据，凭借其超级学习能力，就可以为患者提供个性化的治疗方案。

然而，真正实施起来并没有想象的那么简单。原因有很多，其中一个核心问题就是医疗数据匮乏。IBM 发现，不少癌症中心的数据混乱，沃森无法识别医生的手写病例和处方，哪怕它的计算技术再强大也无法破译，更别提为诊断提供辅助了。所以前后七八年的时间，IBM 的人工智能医疗并没有取得成功。

可见，医疗数据不足是全世界的困境。常见癌症尚且如此，罕见病数据就更不用说了。

再退一步讲，就算眼下所有医院的数据都能打通、共享，也难以满足药物研发的需要。因为医院收集和掌握的只是片段式的数据——患者的情况只有在门诊和住院的过程中会被记录在案，而在发病前、离开医院之后的情况则无人监控，也无人记录，这些都是缺失的数据。他们没有意识更没有途径将这些反馈给医生，而这些数据对一个疾病的分析治疗来说至关重要。

所以，对渐冻症这种病因不明、无药可治的罕见病来说，想要更深入地了解它，收集数据可以说是最重要的一项工作。如果能有一个平台汇集大量患者的信息和数据，且是病前、病中、病后的全阶段数据，那么对于这个病的研发和突破将会意义非凡。

我跟樊东升医生说："那咱们就做这样一个平台，您的团队负责专业上的支持，其他像系统开发、团队搭建、资本投入、社会资源整合都交给我。平台的数据都无偿提供给您做科研用。"

我并不是临时起意、头脑发热，其实在住院期间我就开始琢磨：我作为一个医疗外行，能为渐冻症的攻克做点什么。

作为一个互联网老兵，我有互联网的思维和技术能力，对数据探索有丰富的实践经验；做任何项目必然少不了资金的支持，我是做财务的，能触达和撬动的投融资资源非常多；此外，我毕竟是在一个超大型集团任高管多年，有持续创新拼搏的能力，多次实现了国家级的创新和创业成功，也有不少社会资源。

互联网具备强大的力量，它重新定义了组织与产业、个体与整体、弱者和强者之间的关系，让人类加速过渡到通过虚拟方式进行组织和协同的时代，把碎片化的力量集中在一起，再系统地、体系化地释放出来。

所以，我虽然不是医生，也不是科学家，但是我可以利用互联网工具把所有患者链接起来，建立一个大数据平台，为临床专家和科学家提供真实的疾病研究数据。这样他们就能更高效地对病情进行监控、分析，验证药物等治疗手段的有效性，避免重复试错。

我要用互联网的力量，拼上攻克渐冻症的重要一块拼图。

樊医生听了之后非常振奋，这也是他一直以来想做的事情。

其实早在 20 年前，樊东升团队就开始有意识地持续收集肌萎缩侧索硬化患者的数据。他们找哈佛大学公共卫生学院帮忙设计了一套量表，以此为标准，不断积累患者的样本信息。为了建立更加完整的数据库，他们要每三个月对患者进行一次面访或者电话随访，更新患者的病情进程以及用药效果，希望以此观察患者完整的病史。

然而，这项工作耗时费力，且经费不足，樊东升只能让学生来帮忙做。而且，三个月对于监控病情变化来说也不够精准，只能看到大致的轮廓。"在新药研制过程中，如果大数据能实时反馈患者的变化情况，将极大提高信息同步的效率和准确率，我们就能看到实时曲线，更早确定用药、不用药有没有差别，更早地发现有苗头的药。对于一些平台的新药研发，这将可以大幅缩减时间成本，也必将加快企业对新药研发的投资。"樊医生高兴地说。

对渐冻症患者来说，"时间就是生命"这句话并不是比喻，而是现实。早一个月甚至早一天推出某款药，就能挽救成百上千条鲜活的生命。

他感叹道："其实我对自己有点儿失望，努力这么多年，这个病的治疗依然没有重大突破……如果我在退休之前能对这个病救治的突破贡献点儿力量，那这一辈子我对自己会更加认同，也更加满足。"

这番话让我感慨万千。神经内科医生，尤其是运动神经元病的医生大概是各个科室中最没有成就感的，因为人类的神经系统还有太多未解之谜。大脑这个"指挥部"里处处暗藏玄机，一丁点异常就可能导致整个机体天翻地覆，命悬一线。医生们竭尽全力，却仍束手无策，挫败连连，而面对挫败连连，他们却仍充满干劲儿地搞了大半辈子，就像樊医生。

樊医生接触这个病，完全出于"偶然"。

20世纪80年代，樊东升还在北京大学医学部读研。当时，北医三院骨科是全国治疗颈椎病最好的医院，但有个奇怪的现象，一些被诊断为颈椎病的患者在做完手术以后，病情仍然无法缓解，甚至不仅没有缓解，症状还继续加重，有的半年以后会出现说话不清以及吞咽困难的症状，有的在两三年内还过世了。骨科医生经常会到神经科寻求帮助："明明手术做得很漂亮呀！"

后来，神经科医生在会诊后发现患者得的并非颈椎病，而是罕见病——肌萎缩侧索硬化。这两种疾病都会出现肌萎缩，颈椎病患者的下肢也可以出现走路僵硬的表现，所以很可能被误诊。

随着肌萎缩侧索硬化的患者越来越多，北医三院于 20 世纪 80 年代末期设置了运动神经元疾病的研究方向。当时，世界神经病学联盟还没有提出标准，医生都是靠临床经验进行判断。在樊东升确定研究生课题时，骨科教授从临床角度给他提出了一个问题："你能不能告诉我，如何判断这个病很可能是你们的病（肌萎缩侧索硬化），而不是我们的病（颈椎病）？"

只有尽早做出鉴别，才能避免骨科医生错误地给患者实施手术，因为颈椎病手术不仅会延误肌萎缩侧索硬化的诊断，甚至可能加速病情的发展。

因此，在整个研究生期间，樊东升最主要的课题就是鉴别肌萎缩侧索硬化。后来他发现，脖子上有一块被称为胸锁乳突肌的肌肉，对其进行肌电图诊断，如果肌电图出现问题，则考虑为肌萎缩侧索硬化，借此能够有效地将肌萎缩侧索硬化与颈椎病区分开来，检测准确性达到 98% 以上。后来，用肌电图来诊断也成为国内诊断肌萎缩侧索硬化的常规方法。

肌电图是 20 世纪的创举，那么 21 世纪飞速发展的信息技术自然也应该被利用起来，助罕见病的诊治一臂之力。

当绝症遇上商业逻辑

说干就干。出院次月，渐冻症患者大数据科研平台的搭建工作开始启动。

虽说我连续创业过多次，也管理过数家初创企业，但大部分都聚焦在财经领域。医疗对我来说是一个完全空白、新鲜的领域，除了樊东升医生，其他医生我一个都不认识。所以，我一切从零起步。

好在我对自己的学习能力一直有信心。可以说，"学习"是我这几十年来从未停止过的事情。税务是一个很特殊的岗位，除其本身的知识外，还综合了财务、法律的知识和素养，光靠学校里老师教的东西肯定远远不够。毫不夸张地说，税法是所有法律里最难的法律之一，因为它实时修订。每年国家税务总局以及各省、市税务局发布的税法法规修订条款有上千条，再加上财政部等各部委出的文件、公告，以及对这些文件、公告、条款的解读，摞起来足有半人高，只能自己一点点地去吃透它。今年的还没学完，明年新规又来了。而且法律法规只能做原则性的界定，具体到实际工作中，经济事项极其复杂，每个企业遇到的特殊情况不胜枚举，到底适用于哪条法规、应该参照哪个案例，查找起来可谓浩如烟海。

多年的工作实践也练就了我精准搜索的能力，我总能抓住问题的关键点，迅速突破。

这次面对一个对我有生命威胁的难题，我的投入程度更不用说，那种学习状态可以用"疯狂"来形容。起初看关于渐冻症的文献，很多专业名词、缩略语，比如 TDP-43（可导致神经退行性疾病的一种蛋白）、STMN2（胞浆磷蛋白 2）、RNA（核糖核酸），我根本看不懂，完全不知道是什么意思，只能一个个去查。边看论文，边学专业知识，我前后买了70多本专业书，相当于学完了生物医学研究生阶段的学习内容。住院之后的两三个月，我已经刷了不下1000篇与渐冻症相关的核心论文。后来有了科研团队，我又发动团队同事一起看，每人每天阅读约100篇论文，一人一年就是3万篇，从中寻找国内外渐冻症药物研发方向的新线索。正是这种大海捞针式的笨方法，一次次给了我启发和希望，推动了我们后续一次次的有效尝试。当然这是后话。

所以，当我跟樊东升团队一块讨论要收集患者的哪些数据、各个指标怎么制定时，我已经称得上是小半个渐冻症专家了，他们都很惊讶我对一些专业问题的理解，以及对该领域最新实验的如数家珍。

当然，了解专业知识只是基础，真正要做的是患者大数据科研平台。我料到搭建这个平台必然不容易，在实际落地过程中，其复杂程度还是远超我的想象。

为了实现对患者及其病情的360度了解，这个平台上除了收集一般的症状信息，我们还想记录患者的病前、病后信息。病前信息包括家庭数据、生活数据、工作类型、身心状况等，病后信息则包括吃了什么药、用了什么治疗手段、治疗效果和病程进展等，这些数据每月甚至每周都有更新，长期动态跟踪患者重要的生命指标。

那么怎么让患者能够记录清楚这些数据？这就需要一个量表。业内现有的量表大多是面向医生群体，设计的初衷是由医生协助患者进行测评，所以很多问题的提法、用词都有专业门槛。而现在我们想要的是让患者自己或者由家属协助就可以进行自评自测的指标，既要保证准确度，又能通俗易懂好填写。更重要的是，这个数据库不仅要考虑各种选项存在的可能性，还要能够横向打通，与医保中心的标准相衔接，以契合更加长远的诊疗规划。

所以，每一个字段的设定、每一个问题的表述都要反复斟酌。

比如，为了探寻渐冻症发病原因和患者职业之间的关系，我们在量表中设置了职业选项。但这个职业选项不能简单地按照国家的分类标准，因为出发点不一样，我们要找的是医学分类。拿运动员来说。渐冻症体现的就是运动神经元凋亡，所以医学界普遍猜测这个病可能是运动神经元过度兴奋、过度使用所致，从患者病例上也可以发现，某些项目的运动员容易得这个病。

但是，如果在职业选项中只给出"运动员"的字段，就太过简略了。运动员又分很多类，是乒乓球运动员、足球运动员、橄榄球运动员，还是高尔夫球运动员、铅球运动员、篮球运动员？不同的运动形式对病的影响千差万别。比如第一次冰桶挑战的两个发起人安东尼·瑟那查（Anthony Senerchia）和帕特里克·奎因（Patrick Quinn），以及纪录片《渐冻人生》（*Gleason*）的主人公史蒂夫·格利森（Steve Gleason），都曾经是橄榄球运动员，但似乎乒乓球运动员得这个病的案例就很少见。所以我们的量表中列出了详细的职业选项。

再比如，涉及"颈部压痛"等较为专业的数据，患者自己无法测量，我们就得想办法将问题变成"你的手可以举到什么位置""你能坚持几秒钟"。同样，不能问"用药后是否增加了排便量"，而要换成"吃了药以后，排便多少次"。

就这样一个字段、一个字段地敲定，每个字段都要讨论很久，甚至有的字段一个星期都讨论不完。夫人的药学专业背景帮了我们大忙，在数据平台的指标制定上给了我极大的支持。两个月后，我们总共设定了 2000 多个字段。

设计数据字段和量表的同时，我也开始着手搭建平台系统。

创业不是单打独斗，一定要最大限度地整合资源，寻求体系性的力量。所以当准备做这件事的时候，我就开始努力在京东内部寻求支持。从 2019 年年底到 2020 年年初，我多次给公司写邮件，建议关注罕见病，共同投资来做这个渐冻症等罕见病大数据平台。

那时在公司高管中，除了刘总等个别领导，多数人都不知道我患病的事情，而刘总知道也是偶然。10 月份住院期间他正好有事找我，我因为在做检查没法带手机，漏接了他的电话。事后我跟他解释说我在医院。他问我什么病，我才告诉他。

他当时在国外，他说："蔡磊，你别着急，我在国外帮你找专家。"

绝境之中，有人愿意帮你一把已经无限感激，何况是他这么忙的人。

然后他问我有什么困难。

我说："我就有点儿放不下孩子。孩子刚出生还不到一岁，以后没法尽一个当父亲的职责，把他抚养成人了。"

他说："我知道了。"

直到后来，我才了解他这句"我知道了"意味着什么。跟我联系完，他立刻找到集团的人事商量怎么才能最大限度地帮助我。11月的一次集团早会上，他宣布了一个政策：以后京东员工在任职期间无论因为什么原因遭遇不幸，公司都将负责其所有孩子一直到22岁（也就是大学毕业的年龄）的学习和生活费用。

这是刘总和京东对当时所有京东20多万名员工和20多万个家庭的承诺。之前京东还有一个政策：凡是在京东工作满5年的员工，如果遭遇重大疾病，公司都将承担其全部医疗费用。刘总的原话是："我们大部分的员工都是一线的兄弟，都是家里的顶梁柱，一旦出事，整个家就毁了。我们希望所有的兄弟都好，但人生无常，公司要成为大家最后的依靠。"

当时很少有人清楚为什么会突然出这个政策。

而这一次我的创业邮件"上书"，也是刘总率先给予了回应。我明白一方面从感情上讲，领导肯定想帮我；另一方面，我也向公司和业务部门展示了渐冻症乃至罕见病救治领域的社会意义。对于罕见病的救助要充分利用数字技术支持药物研发，建立这样一个大数据平台，能够帮助更多的罕见病患者。

同时，我也在积极寻找和沟通其他投资人，专门向他们说明了渐冻症等罕见病数据平台的商业逻辑和投资价值，希望他们尽快投资入股。

有的读者看到这里，可能会嗤之以鼻：看，商人永远在谈钱，病患群体已经够不幸了，你们竟然还在讲商业逻辑！还有人可能觉得，直接找一笔捐款不就什么都解决了？

任何事业如果想要长久地运转下去，必须符合其自身运转的逻辑。拿建立患者大数据平台来说，我想要的是推动整个渐冻症治疗体系的进步，让社会各界更关注这个病，投资机构和生物制药企业更有动力投入相关药物的研发，临床试验从患者招募到药效监控能更便捷高效……哪怕加速研制出的新药，我们这批病友赶不上，也一定会给未来的病友带来更多希望。这件事的意义就在于此。这不是一朝一夕能达成的事，更不是凭谁的一己之力、一家之财就能搞定的事。全世界过去 30 年来，在神经退行性疾病的攻克上已经投入了约 1 万亿美元，几乎全部失败，这不是任何一个企业或企业家能够承受的，它需要一代代接力下去，形成自生长的力量。

所以我需要从成本收益的角度来游说合作方，撬动资源，这才符合商业逻辑，或者说，这才符合社会运行的逻辑。

就像我想要帮助病友，不是说给某个人 10 万、20 万元，那并不解决问题。所以我选择去助力医生和科学家更快地找到新药，把这个病攻克，这才是从根本上帮助我们全世界近 50 万的"渐冻人"。

当你想要动员其他人时，不要一味地表达你需要什么，而是要强调你能为他提供什么——这是我在社会上打拼这么多年深切领悟的一个道理。你带给对方价值的多寡，才是决定你能否吸引到资源的关键。大到国际关系、企业合作，小到日常交友谈恋爱，无不如此。

比如，我们数万渐冻症病友需要被看见，需要能救命的"特效药"，但如果只是不停地呼吁，不停地向社会索求爱心，这件事只能原地踏步。爱心的力量可以无限强大，也可以转瞬即逝。"只要人人都献出一点爱，世界将变成美好的人间"，而这世间需要献出爱的地方太多了。光是疾病折磨下的同胞就有千万上亿，每一种绝症落到头上都是一座山，但对旁人来说可能只是无关痛痒的一粒尘埃，或是手机上匆匆滑过的一则新闻。哪怕有人关注到了，献出爱心，通常也不会为此驻足，毕竟每个人都有自己的功课要做，有自己的山要翻，都在狼狈应战生活考官随机抛来的一道又一道难题。

所以推动渐冻症救治，光靠爱心、道德、情怀远远不够，爱心、道德、情怀也不应该成为我们绑架他人的工具。唯有把这件事做成一个对参与各方都有价值、都获益的事业，才有可能真正使它成为撕开黑暗的一道利刃，让光源源不断地照进来。

后来，在刘总的推动下，时任京东健康CEO（首席执行官）的辛利军（现任京东零售CEO）找到我。辛利军是我多年的好友，我俩同期加入京东，并肩作战近10年，战斗情谊自不必说。在得知我生病后，他一直鼎力相助，积极帮我找专家。他说罕见病大数据平台的项目确实很有意义，但是并不容易，过去很多人的尝试都失败了，能不能做成、能不能带来回报，都具有很大的不确定性。

"不过我们都全力支持你，你就做吧。"

生病后创业的这几年，我一次又一次得到朋友以及社会各界的这种支持，被他们给予的力量所鼓舞，让我无比感恩。

从2020年年初开始，我也积极参与京东健康的工作。

必须承认，参与京东健康的工作，我也有自己的"小算盘"。当时除了和樊东升医生有过接触，其他医生我几乎都不认识。想要推动渐冻症的攻克，日后必然要积累更多的药物研发资源和医疗资源，也必须去联合医院、药企、科学家和专家学者。而如果我只是以京东集团副总裁这样一个跟医疗行业毫不相干的身份去与各方建立合作，名不正言不顺不说，也缺乏说服力。有了京东健康的工作身份，将无形中为我带来方便。

2021年2月28日国际罕见病日，京东健康发起了"罕见病关爱计划"，成立了"京东大药房罕见病关爱中心"，并成立罕见病关爱基金，打造"医、药、险、公益"一站式解决平台，让罕见病患者与优质医疗服务资源之间形成高效链接。到2022年，即"罕见病关爱计划"实施一年后，累计已有超过2.4万罕见病患者在这个平台上购买罕见病用药，并获取了相应用药服务，其中更有近七成患者持续通过"京东大药房罕见病关爱中心"获取了与罕见病相关的健康管理服务。

天时，地利，人和

如果说设计数据字段量表、搭建大数据平台属于技术问题，消耗的是脑力，那么想要把渐冻症病友都汇集到平台上来，并且愿意提供自己的数据，则要解决的是信任问题，依靠的是心力。

当我把"链接更多病友"的想法发到我们北医三院同期的小病友群里时，十几个人都一致表示支持，有的还积极推荐其他病友给我。虽然他们当时并不清楚我的工作背景，住院期间我也有意保护隐私，不怎么谈及个人生活和工作，但几周相处下来，我们之间已经有了一种不言自明的信任。

然而，要想从十几个人扩大到全国范围内成千上万人，就不那么容易了。没有什么更好的办法，只能一个病友、一个病友地加微信去认识、去交流。

2020年春节，突如其来的新冠疫情给生活按下了暂停键。正好别的事情都干不了，我就全身心地投入沟通病友这件事上来。那段时间微信几乎成了我唯一使用的应用程序，通讯录里"新的朋友"头两天新增十几个，从第四天开始几乎一直保持每天新增几十个，有我加别人，也有病友主动来加我的。我们就像海平面1000米以下游弋的鱼，在茫茫无际的黑暗中循着相同的声音频率找到了同伴。

病友们来自天南海北，各行各业。有来自重庆的乡村教师，教了大半辈子书，莫名其妙说话就变得含糊不清了；有一直坐办公室的文案策划，点鼠标时食指就伸不直了；有外出务工者，回老家照顾卧病的母亲时，想把母亲抱下床却突然发现手臂没劲儿了；有做医生的，天天拿手术刀，某一天竟然发现食指和拇指捏不住手机充电线了……厄运以五花八门的形式降临，毫无预兆，不分场合。

他们大多跟我一样，正值壮年，处于事业的上升期，是家庭和社会的中坚力量，所以发病后对家庭的打击无疑是毁灭性的。

有个福建的小伙子，33岁，春节前刚来北京确诊，问到在吃什么药，他说医生给开了力如太。他说："我一查这个药只能延缓几个月。吃它的话，每个月得花4000多元，我和老婆一个月总共收入不到6000元，于是我当时就去卫生间把医生开的处方扔掉了。"

末了他又补充了一句："我多活几个月有什么用，我早点死了，他们就没有负担了。"

哪怕经济条件不成问题，这个病也会让家庭陷入失序状态。来自重庆的小梁，比我小一岁，是公司的业务总监，发病前还和家人一起去了趟西藏玩。他和我说："我身体特别好，一点儿高原反应都没有。"

在他的朋友圈里还能看得到那些美好的回忆，纳木错湖边的他张开双臂，在天地之间无限延展。然而仅仅三个月后，他的身体就逐渐开始"冷冻"。起初是腿变得无力，莫名摔跤，上楼梯开始觉得吃力。经过半年多的折腾，脊椎问题、下肢动脉闭塞、坐骨神经病变、脑梗死等一一排查，最后终于把致病元凶锁定到了运动神经元。

他的叙述简洁、冷静，连标点符号都规规整整，看不出什么情绪。正如他所说，他一向稳重，也很要强，得病后不想让全家人崩溃，所以什么事他都要亲力亲为，坚决不让别人帮忙，只要还能走动，他就继续去公司，一天不落。聚会时他会沉默寡言，尽量掩盖自己说话的不利落，以维持基本的体面。妻子心疼他走路累，买来了轮椅，但他拒绝使用，"我不想让人觉得自己有什么不一样"。

那时的我还能打字、能走路，日常生活并没受太大影响，尚未体会"行动受限"的滋味。直到接下来的两年里，我的左右臂能举起的角度从 180 度到不足 90 度、30 度，再到接近零度，十根手指相继耷拉下去，无法抬起，我才知道，想要维持基本的体面对我们来说有多难。蹒跚的步态，自然垂落的绵软无力的双手，无法自己理整齐的衣服，每一个细枝末节都透露着身体失控的无奈。就像病友说的："陷入了一个梦魇，想呐喊，想奔跑，却怎么也喊不出，跑不动。"

也有比较积极乐观的。山东的小陈一直在照顾渐冻症的妈妈，他妈妈患病第四年，目前已经完全瘫痪在床，需要靠呼吸机维持。渐冻症有 90%~95% 是散发性的，5%~10% 是由基因突变导致的，能够找到明确的致病基因。小陈妈妈就是由 SOD1 基因导致的，不过检测出来仍然无药可治。小陈说他不放弃，还在努力查国内外资料，为妈妈找治疗方法。

之前我一直觉得，全中国有 14 亿人，渐冻症的患病率只有约十万分之二，为什么偏偏就选中了我。然而真正走进这个群体，我才发现被选中的有这么多。一句一句聊下来，统计数据中的那"6 万人"不再是干巴巴的数字，而成了一个个活生生、有温度、在努力生活的人。

2020 年那个春节假期过得飞快。我每天早上一睁眼就点开微信，打开和病友的对话框，一直聊到半夜，倒头就睡，第二天醒来再继续。三餐都是夫人帮我端到书房来。

跟病友的聊天一般从各自病情起头，以相互加油打气收尾，短的一两个小时，长的则好几个小时甚至好多天持续在沟通。右手每天打字十六七个小时，一个礼拜下来，右臂都酸得抬不起来。

换作几个月前，大把的时间精力花在素未谋面的陌生人身上，这件事在我看来简直不能想象。然而现在，我不仅是创业者，更是一名患者。听他们每个人的故事，都像在看自己，他们的震惊、痛苦、无助，以及反复在希望和绝望中徘徊摇摆的状态，都是我切身经历过以及正在经历的一部分。

也就是从那时起，我最常用的微信表情成了那个绿色小人张开手臂的"抱抱"。

你没法笑，也不能哭，每个病友都很悲惨，那就只能给对方一些鼓励和拥抱。

2020年年中，我联系的病友已经有几百位。当时患者大数据平台基本搭建完成，于是我第一次拉了个病友群，正式发了下面这段话：

> 大家好，我是蔡磊，一名渐冻症患者，也是京东集团副总裁。大家都知道这个病目前没有有效药物或治疗手段，所以，我搭建了一个渐冻症患者360度全生命周期科研数据平台，希望借助互联网的力量，把中国乃至世界上各个国家的渐冻症患者数据整合在一起。通过对整个病情的监

控,我们可以为临床专家和科学家提供真实的渐冻症研究数据,进一步挖掘治疗的经验,避免重复试错。我们只有自救,才有可能得救。

消息一发出,大部分人表示支持。
"太好了!"
"说得对,我们不能坐以待毙!"
经过半年多朋友式的沟通,大家已经有了一定的信任基础,数据库后台陆续看到有病友注册并填报量表。坦白地说,我们设计的数据字段和量表问卷相当细碎,包括"手能举到什么位置""吃药后排便多少次""家庭关系如何"等,涉及病前、病中、病后的持续动态信息,认真填完起码要大半天。很多病友双手都已无法活动,连手机都操作不了,只能由照顾者来填写。尽管我们已经将填报方式简化为打钩和画圈,最大限度减少填写障碍,并且安排了同事去做平台的管家,直接帮助那些无法顺利上传资料的患者录入数据,组织上传病历、文档等,但收集数据仍是个漫长的工程。

当然,群里也有至少 1/3 的人自始至终都保持观望或是沉默。后来随着我接触的病友越来越多,我也越发能理解大家的心境。有的病友非常信任我,也愿意和我私下沟通,但在群里却不活跃。一位病友坦言,自己还处在发病初期,生活尚能自理,还在正常上班,所以不愿意每天看到后期病友的悲惨状况,增加自己的心理负担。群里交流最多的就是病程中后期的护理事项,对他来说，那是自己暂时不用面对，也不愿意面对的世界。有这样想法的病友不在少数。

还有的病友已经发病5年甚至更久，这些年来加入过多个类似的互助群组、联盟和机构，见证过一次又一次希望的升起，也经历了一次又一次希望的落空，但什么都没有改变。连医生和科学家都束手无策了，你还折腾啥？所以，不抱期待对他们来说也许才是理性的选择。

这些反应是人之常情，我都理解并接受。不管是支持、观望还是反对，只要我们群里发布的有关渐冻症的护理方法、注意事项、疾病最新进展以及线下的指导能对病友有一点点帮助，哪怕只是提供心理力量，也是好的。

就像我们平台的名字：渐愈互助之家。

对人有实际的帮助和价值，是一切成立的前提。

到现在，经过三年多的努力，渐愈互助之家触达的渐冻症患者已达上万人，成为全球最大的民间渐冻症患者科研数据平台。

有个曾与春雨医生同时进行医疗大数据创业的朋友跟我说，几年前他们听说蔡磊要做患者大数据平台，觉得我贻笑大方："这事我们七八年前就玩过了，不可能做成的。"

的确，建立患者大数据平台的想法说不上多么颠覆，之前已有多家机构做过尝试，像华大集团、春雨医生、丁香医生、众多罕见病联盟组织等，都是抱着这样的初衷，希望把患者数据汇集起来。所以业内人太清楚这个过程有多难了，技术、数据、人力成本等，每个环节都需要投入大量的资源，更别提让患者愿意配合，这是最让人头疼的问题。你一个外行突然跳出来说要做，玩票呢？

"那时候我还不认识你。在认真了解你这个人之后，我又觉得可能还真有点儿希望，但也仅限于能在一定程度上推动而已。"

"现在呢？"我问。

"现在我终于知道你为什么能做成了。第一，你建大数据平台的动念完全不同，你本人就是一个渐冻症患者，你做这件事的动力、决心以及对病友的感染力都远超任何商业机构。第二，你自身的能力和战斗力确实强，换成另外一个患者来做，这事也很难。"

"真是天时，地利，人和。"他最后总结道。

我笑了，因为我也发过几乎一模一样的感慨。

老天让我40岁遇上这个病。倘若是二三十岁，我没有现在的资源和能力，尤其是持续开拓创新的执行力；六七十岁时，我可能也干不动了；40岁刚刚好。可谓"天时"。

身处北京这样顶级医疗资源汇聚的地方，有北医三院、协和医院、天坛医院等顶级医疗机构，有神经系统疾病方面的顶级专家，能联系到海内外生物科技领域的前沿科学家，可谓"地利"。

这样一个数据库需要运营互动，更需要一个患者领袖，与患者构筑良性的信任关系。毕竟，现代人都越来越意识到数据的价值，你建数据库，凭什么要我配合你填数据？你是不是会把我的数据卖给制药公司赚钱？你能给我带来什么？能给我治病吗？

所以，你需要用行动证明你愿意为救治所有病友而努力，需要和每个人真正成为朋友，急他们所急，想他们所想，他们才愿意跟你站在同一条战线上。

我无意中也正是这样做的。从2020年春节加第一个病友微信开始，我就把他们当作朋友，他们的诉求、痛苦、渴望，我都感同身受。截至目前，我亲自加的病友不下2000人，我能准确地说出他们每个人的背景情况、家庭状况、病情进程和目前的状态。也正是因为这样，不仅渐冻症的病友相信我，很多病友的亲属也主动要求加入我们团队，有的辅助运营，有的辅助科研，一起为这个群体而拼命。

对多数机构来说，这或许只是一份工作，而对我们来说，这是关乎自己、关乎至亲性命的大事。

可能上天注定要我来做这件事。

天时，地利，人和。

"你就是不死心"

大数据平台只是提供链接，但解决不了问题，我还要去寻找真正能解决问题、能治病的人。这个人是谁？

当时在我的认知里，治病，自然是找医生。

从北医三院出院时，医生并没有确诊我为肌萎缩侧索硬化，仍要求我"待查"。再加上我有一个肿瘤指标呈阳性，因此从2019年年底到2020年，我一直没有停止排查，继续找名医、访专家。过程乏善可陈，到后来有的专家甚至表露出不耐烦："你都找樊东升看过了，还找我干吗？"

"但我有个指标阳性……"

"没用。不少渐冻症患者的检查指标都会有一些异常，但是基本意义不大。而且如果真是肿瘤，肿瘤不可能一年多来都不发展。"

的确，在和病友交流的过程中，有些会提到自己的检查指标有异常，有的是免疫指标异常，有的是肿瘤指标异常，既留下了疑点，也带来了一丝希望。但在后来反复查证的过程中，往往那些疑点还没被彻底清除，人就进一步被"冻"住了。我也是这样，后续一年多通过PET-CT[①]、血液复查、癌症早期蛋白筛查等多种方式，想揪住"肿瘤"的影子，但都是徒劳。那个曾经让大家为我欢呼振奋的阳性指标，后来慢慢变成弱阳，到2021年年初彻底呈阴性。

"你就是不死心。"专家总结陈词。

我当然不死心。此时我的左手拇指已经完全抬不起来，其他4根手指也难以并拢，而右臂也开始出现一年多前左臂的那种持续肉跳。就算是肌萎缩侧索硬化，我也不能这么等着被一点点吞没。我要找药，我要找治疗方法。

国内无门，我又将目光转向了国外。当时由于全球疫情，无法出国诊治，通过朋友介绍，我几经周折，陆续联系到了澳大利亚的马修·基尔南（Matthew Kiernan）博士、美国的梅里特·古

---

① PET-CT，中文名称为正电子发射断层显像–电子计算机断层扫描。——编者注

柯维奇（Merit Cudkowicz）博士等，进行线上问诊。

此时，到底是不是渐冻症已经不是重点，我关心的是怎么治。

要说真的"死心"，应该是与梅里特博士问诊交流之后。

梅里特·古柯维奇是美国麻省总医院神经内科主任、哈佛医学院神经病学"朱丽安·多恩"教授（Julieanne Dorn Professor），还是麻省总医院 Sean M. Healey & AMG 肌萎缩侧索硬化中心主任。

这个中心的发起者正是一位知名渐冻症患者——肖恩·M. 希利（Sean M. Healey），他是美国上市资产管理公司 AMG（Affiliated Managers Group）的创始合伙人、董事会执行主席兼首席执行官。2018 年，57 岁的希利被确诊为肌萎缩侧索硬化，后来 AMG 公司向麻省总医院捐赠了 2000 万美元，建立了 Sean M. Healey & AMG 肌萎缩侧索硬化中心，旨在推动肌萎缩侧索硬化的基础研究更快地转化为可以实际用来救治患者的药物和手段。梅里特作为该中心的负责人，权威性不言而喻。

然而希利的努力并没能拯救自己。2020 年 5 月，与渐冻症抗争了两年的希利不幸病逝。他没有等到救命药。

梅里特给我的建议并没有什么特别：坚持 PET 筛查，可以尝试丙种球蛋白冲击以平衡免疫系统，保持良好的心态，日后择机参加新的药物临床试验。

翻译过来就是：别无他法，等待新药。

希利没有等到的，我又有多大的概率能等到呢？

我就像掉进迷宫的小鼠，努力奔跑了一年多，发现走进的是条死胡同。

中国到底有多少像蔡磊这样的"渐冻人"？根据最新发病率和患病率数据，中国理论上应该有 6 万个渐冻症患者，但目前统计下来只有 4 万个病人，整整 2 万的数字鸿沟，是消失的"渐冻症"群体。

中华医学会神经病学会委员兼秘书长、北京大学第三医院教授樊东升告诉记者："这 1/3 的病人到哪儿去了？我们分析，很大程度上可能跟我们早期诊断不充分、不及时有关系。另外还有一个很重要的原因，跟药物的不可及有很大关系，所以有很多病人可能过早去世了。"

——《一位渐冻人的自救与救人》，

东方卫视，2021 年 6 月 21 日

第四章

见高人，尝百药

"蔡磊，我一定能治好你！"

寻医问药

我看着一缕烟缭绕着晕在空中，随后变得若有若无。它们来自扣在我腹部的艾灸盆，盆中的艾条正在一点点燃烧，将热量释放给几厘米下的皮肤。用医生的话说，它能温通经络、行气活血，疏通我体内的瘀滞。

中医讲究"通"，一通百通，一堵百堵。一旦经络堵塞，人体就会出现诸多疾病。20分钟前，医生刚通过按摩的方式帮我疏通了经络。相较于此刻静静躺在床上感受全身温热的安逸，刚才的场面称得上疾风骤雨。

医生的招牌手法是点穴按摩。

来之前，我对点穴的理解还停留在中学时班上传阅的武侠小说，指如疾风，势如闪电。我喜欢乔峰，侠之大者，他给人解穴经常就是在对方肩头或后背轻轻一拍，毫不费劲，尽显高手本色。同桌则认为虚竹的点穴解穴技能更胜一筹："乔峰解的都是自己点的穴，更容易，虚竹能解开别人点的穴。"他说的是虚竹在灵鹫宫解救那些被封住穴道的女子，给她们点穴的可都是奇人异士，招数五花八门。虚竹才不管各家各派什么招数，直接用内力强行冲开穴道。

"暴力开锁，那才叫厉害！"同桌感叹道。

对我来说，眼下医生的手法就无异于暴力开锁。我趴在床上，感受着从颈椎、背部到手臂、腰间一浪又一浪的疼痛冲击。起初我还尽量忍住不出声，但当他的手按到我肩胛部位时，瞬间的酸麻胀痛让我直接"啊"地惨叫出来。那种酸麻迅速膨胀到全身，整个人像个充到极限的气球，对任何一下按压都不能承受。

"痛则不通，说明你这里瘀滞严重。"医生力道不但没减，反而加重了手劲儿。对他来说，我的惨叫正是一种号角，吹响了他的斗志，明确了他的攻打方向，因为越痛越证明他"按对了地方"。

生病以来，我也试图从中医的视角去认识自己的身体。我开始看《走进中医》《思考中医》《人体使用手册》这类入门书。

我跑遍了东直门中医院、广安门中医院等国内最好的中医院，医生都带着遗憾告诉我："二三十年了，目前我们依然没有对渐冻症的显著有效的治疗办法。"

然而，民间各门派的"大师""高人"口径却出奇的一致，也出奇的笃定："蔡磊，我一定能治好你！"

"我一定能治好你！"相信没有哪个绝症患者能经得起这句

话的诱惑。他不是说能治，他说的是能治好！他既然敢这么说，也许真的有什么绝世奇方？虽然从概率上、从逻辑上，这种话的可信度微乎其微，但你心里总压不住一个声音："万一呢？"

每个人都觉得自己是那个"万分之一"，只要看到一点光，就想去尝试。

然而当我带着期待去见"大师"，向他请教其治疗原理时，那道光开始变得微弱。

"没什么，你这就是痿症嘛！""大师"胸有成竹道。

痿症一般表现为四肢肌肉痿软、松弛，不能协调身体的活动，听起来的确和肌萎缩侧索硬化很像。但是有很多病其实都和肌萎缩侧索硬化的症状极为类似，比如重症肌无力、肌营养不良、进行性肌萎缩、原发性侧索硬化、平山病、肯尼迪病、脊髓性肌萎缩等几十种神经肌肉疾病，都表现为肌肉萎缩、瘫痪，但各个病的病程长短、进展情况、治疗方向完全不同。这些病大部分是不致命的，也谈不上绝症，其中相当一部分是直接可以治愈的。就像新冠病毒感染和流感都表现为发烧、鼻塞、咳嗽，但致病病毒和杀伤力完全不可同日而语。同样，痿症里也囊括了好多种病，"大师"说的是哪一种呢？

"病因不重要，咱们这个病就分痿症、痹症和痉症。听我的，你这就是痿症，我治好过痿症，所以我一定能治好你！"他直接拉出三段论，听上去无懈可击。

"您治好的痿症案例能不能给我看看？"

到这一步，有的开始支支吾吾，有的则很硬气地一指墙上硕大的照片，是他和某名人的合照。"他就是我治好的！"

且不论是不是真的是他治好的，那位名人业内已有明确诊断，得的根本不是肌萎缩侧索硬化。

"大师"毕竟是见过世面的，面对你的疑问，一定又会冒出新的说辞，其中最厉害的一句就是："没效果的话不收你钱，你就试试。"

这句话对绝症患者来说就是撒手锏：是啊，反正也没别的办法了，为什么不试试？

万一呢？

接下来的治疗就五花八门、各显神通了。"疑难杂症"4个字和"奇门异术"简直是天生一对。如果不得这个病，我不会知道原来民间有这么多"王母娘娘""玉皇大帝"，他们可以用意念治病，可以从几千里外发功，还有用写符、念符、烧符、吃符来驱邪疗疾。

有位"大师"经过推算，言之凿凿地说我三魂七魄的位置都不对了，需要重新调整魂魄；有的"大师"声称自己和外星人有过接触："我给你发的是暗物质。"

这些民间"高手"用起物理学名词来毫不客气。还有位"大师"说："我用量子纠缠治你的病……量子你知道吗，得过诺贝尔奖的！"

这些"高手"绝大多数都是朋友力荐的，有的朋友甚至从外地飞过来要亲自陪我去，他们真心相信这些奇人异士能救我的命。冲着这份善意，哪怕没有效果，我也不好意思不去接受治疗。

有一次，同学的朋友推荐给我一个机构，号称治好过很多脑瘫患儿和癌症患者。

"我这又不是癌症。"

"都可以的。他那儿有一套德国进口的先进设备，对各种绝症都有效果，你一定要去试试！"

地点在远郊，我和助理开了一个多小时的车过去，最后20分钟几乎全是山路，两旁都是树，仿佛走进了深山老林。到了山深处又豁然开朗，一大片别墅呈现在眼前。我们按门牌号找到机构所在地，见到了那位"当家的"。

"当家的"是位大姐，40多岁的模样，看上去亲切和蔼。我们一坐下，她就直入正题。

"我以前身上有三种癌症，医生都说我没救了。"这真是一个有吸引力的开头，毕竟现在健健康康的大活人就坐在你面前，你自然会好奇："后来怎么治好的？"

"我在欧洲找到了一套最新的光治疗仪。"她说出了一串起码有10个字的仪器名字。我们来不及查证世界上是否真的存在这种治疗设备，它是否真的来自她口中的欧洲，我的疑问已被淹没在她用这套"神器"已治愈了多少绝症患者的案例中，以及她要由此在中国治病救人的宏图伟志中。

正说着，门外走进来一个身材魁梧的男士，看上去快50岁了，"当家的"顺势向我们介绍："这就是正在我这里治疗的一位病友。""他是胃癌晚期，之前在各大医院都看了，医生说活不过三个月。后来专门从东北到我这儿来，治了一个月，现在10

厘米的肿瘤都不见了。"

这位男士很自然地坐下来，开始接着"当家的"讲自己的故事。

"我都已经绝望了，因为医生都说了三个月嘛。我刚来的时候面黄肌瘦，基本没法吃东西，你看我现在这体格，哪儿像生过病的。那个光照了一周，我就感觉能吃进去饭了，到一个月，一检查，原来那么老大的肿瘤都找不见了。"他两只手比画着"那么老大"有多大，语气激动，手势丰富，叙述极具感染力。

说完，他又自来熟地问我是什么病，我说肌萎缩侧索硬化。不知道他听没听说过这个病，但他态度坚定地说："肯定能治好，你就信我的，一定要试试！"语气听上去比"当家的"还殷切。

两个小时后，我终于见识到了这位老兄口中的"神光"。我被带进一个黑漆漆的房间躺下，那套国际领先的设备一开，将我全身浸在一种蓝荧荧的光线中，看起来和医院病房里每天早晨开紫外线灯照射消毒差不多。只不过，病房每次消毒都要清场，所有患者要到走廊上等待，而现在我成了唯一一个被"遗漏"在屋里的人。

我问"当家的"这是什么波段的，她只是重复了一遍"全世界最牛的"，然后补充道："根据不同疾病，我们可以调节不同波段，来杀死不同的癌细胞。"

"对你这个病就是修复，通过同频振动，重新激活你的神经元细胞。"

声、光、电、磁、波，是现代医院各项检查的常见工具，所以这个原理不稀奇。我在"神秘"的蓝光中躺了半小时，终于被放了出来。

体验过后，助理去问治疗费用，"当家的"没开口，旁边的人很直接：挂号费300万元。

这高科技也太"高"了。我没有继续。

有一年多的时间，我和团队调研、接触了上百位自称能够治好渐冻症的民间"高手"，我自己试过的不下几十位。为此夫人没少和我吵架。生病后我们所有的争吵，几乎都是围绕着这些非常规方法和奇门异术。

夫人也一直陪我四处寻医问药，但她不能忍受我为了顾及朋友的面子，就闭眼喝掉连包装都没有的"偏方神药"，受不了我动辄搭进去数月的时间，扔掉大把的冤枉钱不说，最重要的是，可能还会加速病情的进展。有一次治疗，去的时候左手中指还能稍稍抬起，离开的时候已经彻底塌下去了。

各界朋友的推荐经常让我无法拒绝。在这个过程中，我看到了太多感动，也看到了很多对病人深深的恶意和套路。有陌生人重金求购我的联系方式，试图向我推销一种天价神药；有人联合熟人，要给我做上万元一次的治疗，号称"一次见效"；还有的"大师"张口要价100万元，"包治百病"，并且对外声称，蔡磊已经被他治好了，然后以此为招牌，对下一位病人收费200万元……

面对所有这些，我能做的，就是把所有踩过的坑告知广大病友，将治疗效果如实记录在渐愈互助之家大数据平台上，以免其他人重复试错，无谓浪费金钱和宝贵的生命。

而我仍然在继续"尝试"，这也是夫人爆发的原因。

万一呢？

2022年，一位朋友推荐了一位外地的"师父"，理由是"我的病就是被他治好的。他还治好了很多绝症"。我道谢，并坦诚相告，我的精力和时间都不足以支撑我跑到外地去治疗。经过这几年的历练，我对神乎其神的治疗方法自以为已经足够免疫。"我现在也在服用一款药物，正在评估疗效，所以不适合轻易停药。"

"你可以先推荐两位患者过来试一下。"

对方这样倒让我颇感意外。既然敢承诺治疗别人，看样子有点东西？我推荐了一位当地的病友大姐，并再三和对方确认是免费给病友治疗，不可以收一分钱。对方满口应允。

在随后的一个月内，病友大姐一直和我联系，讲述她的治疗进展。虽然她因为病情已经说话不太清楚了，但传递的信息非常明确：有明显效果！

这着实让我动心了。哪怕对"师父"摸不清来路，但对我们的病友总信得过吧。大姐的手臂从一个月前完全抬不起来，到现在能抬起15度，而且有视频为证，足够有说服力。于是夫人、司机陪着我一起奔赴外地。

"师父"的治疗手法是按摩+饮食调理。那次按摩堪称我所经历的最惨烈的一次。"师父"并不亲自出马，而是有专门的按摩师，揉压按搓后，还要拿牛角板在皮肤表面刮。第一次下来，伴随着我的惨叫，我的前胸后背已紫红一片，布满了片状的出血点，皮肤火辣辣的，像在辣椒水里泡了个澡。

"你看，我把你身体里的毒素都排出来了。"按摩师成就感十足。

除了按摩还有饮食调理。"师父"专门为我配了"养生餐"，而且还有诸多饮食禁忌，只能吃指定的几样，并嘱咐我严格遵守。

连续吃了两天，再加上每天剧烈疼痛的按摩，我不但没有感到任何身体上的好转，反而整个人肉眼可见地蔫儿了下去。

夫人急得坐不住了，说："回家！照这么下去，好人也给折腾坏了。"

我不同意。既然千里迢迢跑过来，就要试到底，毕竟是可信的朋友介绍的，而且还有病友亲身试过说有效。

"这一看就不行，为什么还要试？"

"那我也得去调查，去证明它不可行。"

"你不可能用穷举法挨个证明哪个有效、哪个无效！我们也没有这个时间！"

我完全听不进去夫人说的。换在过去，这些我也会一概否定，但当你得了一个人类连病因都搞不明白的病之后，我开始对什么都不否定，哪怕"治疗手段"让人匪夷所思。这些奇奇怪怪的手法下暗含着另一重意思——希望。哪怕有万分之一、亿分之一的希望，我都要去验证，我不能放弃。

"你什么意思？我这仅存的一点儿希望你都要给破灭掉，是吗？你不想付出，不想陪着我，是吗？"

这种话明显是无理取闹，但无理取闹似乎是病人的特权。那一刻，对我来说早已没有什么真伪之争，一切都是绝望和希望之争。绝路之下，哪里看起来都是生路。

面对我的不讲理，夫人极力压着火："那我们去找那位说'有效果'的大姐聊聊，看是真有效还是假有效！"

大姐每周来治疗一次，我也希望跟她确认前期治疗的效果，于是约了她一起见面。当天，大姐蹒跚地走进来，两只手臂耷拉在身侧，看似与一个月前并无不同。

"你感觉有变好吗？"

"好了啊……你看这手。"她努力想打开右胳膊与身体的角度，一边演示一边给我讲解："你看这手已经能抬起来了。"我配合地去识别那个微小得几乎看不见的角度。她的动作与其叫抬手臂，不如叫耸肩，在我看来她只是一直使劲把右肩膀往上提。

"这跟你来之前发的视频好像没区别？"我试探着问道。

"有区别啊，区别很大。使劲，再使劲儿！"旁边的"师父"加入进来，像一位教练在督促自己的运动员展示实力。大姐在督促声中也更加卖力。

"不过腿还那样……腿没劲儿……"大姐含糊的发音还没落地，突然被"师父"打断："那天不是已经给你治好了吗？你这两天又干吗了？是不是自己又熬夜了！"

接触两三天下来,"师父"始终是和声细语的,突然训斥的语气把我和夫人都吓了一跳。对面的大姐立刻闭了嘴,不敢再吭声,一双眼睛在全屋人之间扫来扫去,无处安放。

我之前曾多次和大姐电话联系,每一次她都很肯定地说"有效果",语气中的笃定听上去并不像是编的。但今天这个场面,我终于大概明白了是怎么回事。在评估治疗效果时,治疗者会反复引导你相信你的手臂抬得更高了,你的手指能比以前伸得更直了,你的全身经络更通畅了。这些话无不会给病人强烈的心理暗示,慢慢地你也会发自内心地觉得"真的,手臂更高了,手指伸直了,经络更通了"。

说白了,信则灵。你相信治疗有效,就真的有效。

这在医学上并不稀奇,治疗的效果和人的心理预期有密切关系。1955年,哈佛大学医学院教授毕阙(Henry K. Beecher)博士将这种现象命名为"安慰剂效应"。

其实,早在200多年前,医学界就有人应用这种效应。1796年,一位叫伊莱莎·珀金斯(Elisha Perkins)的美国医生申请了一项发明专利——珀金斯牵引器。这是一根七八厘米长的金属棒,珀金斯称它是"氪金"材质,放在患者的疼痛部位来回滚动20分钟,就可以把有害的致病电子液引出体外,从而缓解疼痛。参与体验的患者在使用过牵引器后,大部分都觉得疼痛减轻了。珀金斯因此在欧美广受追捧,连美国第一任总统乔治·华盛顿也买了一套。

1799年，英国医生约翰·海加思（John Haygarth）设计了一个对照实验。他用木头仿制了一根珀金斯金属棒，给5名风湿痛患者进行治疗，其中4人表示疼痛大大缓解。第二天，他又用真的珀金斯金属棒给另外5名患者治疗，同样有4人报告疼痛减轻。

海加思最后得出结论：两种干预效果根本没什么差别。患者觉得疼痛缓解只是心理作用，也就是后来大家耳熟能详的"安慰剂效应"。

这并不是魔法，也不是凭空想象出来的一种虚假感受。人体不是一部生物机器，生病也不只是把出故障的"机器零件"修好就可以了。这是我们传统医学把人体看作一个完整有机体的科学性。喜、怒、忧、思、悲、惊、恐7种情绪都和身体状况息息相关。安慰剂效应也证明了人的心理和生理因素相互作用的神奇效果。很多神经科学、生物化学、生理学、遗传学、脑成像等领域的专家都证实了，当患者产生"治疗有效"的预期时，确实激活了大脑中的各种化学物质，比如能缓解疼痛的阿片样肽、大麻素以及能让人感到快乐的多巴胺。

现在，安慰剂效应已经普遍应用在临床，并且成了一项药物是否有效的重要标准。对制药公司而言，若要将新的药物推向市场，它们不仅必须证明自己的药比不用药有效，还要证明效果强于安慰剂。

一位医学专家告诉我,江湖"高手"的"神功奇效",也多多少少离不开安慰剂效应。你只要相信,不管是身体上还是心理上就真的会表现出"好转"。更厉害的是,有时候哪怕你知道自己服用的是安慰剂,安慰剂效应也仍然存在。

拿我来说,有算命先生看过我的生辰八字后,说我五行缺金缺水,所以受此劫难,让我改名;风水大师也算过一卦,让我搬离原本的家;还有位高僧,人在美国,不远万里点化我,说我只有跟着他出家,方能渡过此劫。

我也知道这些未必科学,但除了最后一条,我都去做了。我把视频号的名字改成了蔡磊润谦,按照风水大师的建议换了一套住所。搬进新家后,我头一次在病后安安稳稳睡了个整觉,至此结束了住院以来长达半年的失眠。我很好奇,心理暗示是如何说服我的大脑松果体分泌出了更多的褪黑素,如何动员身体各部门配合着进入睡眠状态,但它们仿佛是背着我私下开小会,密谋了一连串的行动,我这个"大 boss"对过程却一无所知。

所以,我并不反对渐冻症病友去尝试各种可能的治疗手段。毕竟,面对一个无药可治的难症,每个人都会也必须想办法自救,不论是找中医,还是求助于江湖异士、神仙能人。病友群里也经常有人交流民间治疗经验,我的态度一直是:如果能给你好的心理暗示,带给你力量和希望,对身体无害,且价格符合市场标准,去尝试无妨,只要注意甄别骗子,以及那些善意的、自以为是的"神医"。

就像那位病友大姐,她告诉我"有效果"确实是真心话。安慰剂效应以及能够继续免费治疗的期待，都让她确信自己的病情有了改观。

回顾起来，长达一年多的时间，我从来没有完全放弃在民间寻找、尝试各种神奇的疗法，但到目前为止，这些治疗对我而言并没有什么效果，或者说效果难以评估。不过我和团队依然没有停止对传统医药的探索。

从医生到药企

一年多来我拜访了几乎所有能找到的相关专家、院士，以及西医、中医、民间疗法，我渐渐意识到：在渐冻症的救治上，目前阶段，仅仅找医生并不能解决问题。

医生治病需要武器，这个武器就是药，但对渐冻症来说，恰恰缺的就是药。到目前为止，经美国食品药品监督管理局（FDA）批准的渐冻症药物只有赛诺菲的力如太（利鲁唑），以及原本适应证为脑卒中的依达拉奉注射液。但这两种药物只能微弱地延缓病情进展，作用非常有限。我也"以身试药"，尝试了国内外多种试验药物、中医中药、传统医学、气功冥想、干细胞等，但对我而言，无一例外都被证明是无效的或者可能效果微弱。

在社会大分工的时代，"没有药"并不是医生的问题。医生的责任是侦察敌情、判断对手，拿起武器与疾病对抗，把患者从病魔手中抢回来，但他们不是制造"武器"的人。对多数医生来说，钻研渐冻症不太现实。一来他们与这类患者接触得少，能判断出来的也少；二来他们缺乏精力、时间，也缺乏科研资源和团队，很难对渐冻症进行基础研究。

想要找药，必须追本溯源，从发明和制造"武器"的地方找起——药企和研发机构。

2021年2月28日是个周日，我早早起来穿戴整齐，准备出门去公司，但不是去加班，而是去参加活动。这一天是京东健康"罕见病关爱计划"上线的日子，为此我们已经前后筹备了数月，特意安排在2月最后一天的国际罕见病日，希望引发全社会对罕见病群体的更多关注。

准确地说，是夫人帮我穿戴整齐的。2021年年初，我的左手只有一根指头还能勉强伸直，其他4根都已不甘心地垂向地面，吃饭、工作、拿手机、发信息基本靠右手，尽管右手的4根手指也开始并拢吃力，且虎口肉眼可见地凹陷下去。日常洗脸刷牙还能勉强应对，但像系扣子、打领带等高难度动作，一只手实在难以操作，只能请夫人帮忙。

夫人正在慢慢适应她的新角色，适应把她本已紧张的时间转盘再切出一块给我的琐碎日常，比如穿衣服。随着日子的推进，她的时间转盘上被切下来的部分将会越来越大、越来越多。

我把左上臂抬成直角，哆嗦着把柔软下垂的小臂对准衬衣袖筒塞进去，然后看着她手指翻飞地把6颗纽扣依次系好，塞进裤子里，再把腰带穿过金属扣，将腰带针快速准确地穿进那个常用的孔。

"好像又瘦了……你看腰带都有点儿松了。"

我生病后，夫人一直密切关注我的体重变化。渐冻症患者常常会因为肌肉萎缩、吞咽困难、精神压力等因素，体重下降，而体重下降的速度又和预测生存期密切相关。她也时常督促我少工作、多休息，过度劳累无疑对病情延缓毫无助益。

然而此刻我的耳朵溜号了，我的注意力都放在了她的双手上。夫人以前还是十指不沾阳春水，现在照顾人这些琐碎事务已经非常熟练。我需要这种熟练，但又不愿看到她的这种熟练。

西服、衬衣是我的惯常装备，20多年熟悉得不能再熟悉了，但现在穿起来却越来越陌生，也不知道还能这么穿多久。

开车也是，这个多年的爱好也进入了倒计时。

以前我有不少兴趣爱好，比如踢足球、打乒乓球、摄影，但工作以后无一例外都因为没时间而被慢慢搁置，唯有车还天天接触。不管是什么车型，我都喜欢，我迷恋那种驾驭的感觉。年轻的时候我也常常跑到修理厂去装饰、改装车子。

此刻对我来说，体育运动已成奢侈，单反相机也因为左手抖得厉害而无法拍摄，所以开车成了我仅剩的还能享受到乐趣的事情。不过就像游乐场里跑到最后一圈的卡丁车手，我不得不随时接受终点铃声的响起。

当天活动现场来了不少业内人士。我们联合北京病痛挑战公益基金会，邀请了罕见病相关行业组织的嘉宾代表，以及诺华、百济神州、北海康成、赛诺菲、辉瑞等十几家京东健康合作药企的代表。可以说，主要的大型医药企业都到齐了，能和这么多药企分享渐冻症等罕见病药物研发的迫切需求，我非常振奋。

到我上台致辞时，我说："罕见病并不罕见。根据《中国罕见病行业观察（2021）》的数据，目前全球已知的罕见病有6000~8000种，包括大家熟知的'渐冻人''瓷娃娃''熊猫宝宝'等疾病种类。在以患病率来定义的罕见病中，84.5%的病种患病率低于百万分之一。尽管单一病种的患病人数极少，但将数千病种合并起来的人群却非常庞大，全球受影响人口达2.5亿~4.5亿。中国罕见病患者约为2000万人，影响的家庭人口高达一个亿。他们是一个非常庞大的群体，绝望无助，缺乏救治。"

一连串理性客观的数字，并不能立刻引发听众的直观感受。我停顿了一下，接着说："不瞒大家，我自己就是个罕见病患者。一年多前，我被诊断患上了渐冻症，一种很残酷的运动神经元病，治愈率为0，平均生存期为2~5年，近200年来全球有1000多万人死于这个病，目前还没有可以阻止或显著延缓该病病情发展的药物问世。"

台下一片安静。正在对着我拍照的摄影师放下了相机，露出藏在镜头后略带困惑的脸，坐在前排的几位合作伙伴茫然地望向我，像是还在努力理解我刚才那段话的含义。不光是合作伙伴，在场的很多同事也是第一次听到这个消息。过去一年多来，我一直照常上班，照常每天在公司全力奋战，处理各种事务。用不了电脑键盘，我就用语音转文字来写周报，消化完收上来的几十份工作报告，重新总结汇报，因为写得慢，有时一写就是大半天。白天工作，晚上回到家继续看渐冻症相关文献。因此几乎没有人发现我有任何异常。

能想象得到，今天活动一结束，媒体报道一发出，我的生活将再也离不开一个标签——渐冻症患者。过去一年多来，无论是联系医院、找医生、拜访科学家，我都只能利用业余时间，无法完全放开手脚。如果此生我注定要为这个病而战，那么我就必须面对站在公众和媒体镜头前的这一天。

"随着现在基因技术、生物科技的飞速发展，很多罕见病的攻克都充满了希望。"台下有很多药企代表，我希望能让它们看到罕见病药物的广大市场，能让它们更多投入罕见病药物的研发。

我又给药企详细算了笔经济账：拿渐冻症来说，中国每年新增患者2.3万人，4年就有近10万人。10万人看似不多，但这个病的发病者多数是在40~60岁，是家庭和社会的中坚力量，为了救命，他们会竭尽全力。一个人若花销100万元，10万人就是1000亿元。

不仅如此，从更大的范围来看，罕见病患者一半以上是青少年。青少年是家庭的希望、国家的希望，这些青少年该不该救？他们从小就是绝望的，如果能得到很好的医治，长大后一个人一年为社会创造10万元的价值，50年的话就是500万元，2000万人50年就能创造100万亿元的价值，这给社会、给国家的贡献将是巨大的，更别提那些无法用数字来衡量的价值。

下台后，我与药企代表挨个沟通，但意外的是，这些企业中极少有生产治疗罕见病药物的，即使有，多数也不是自己研发，而是引进国外的药物，研发并生产渐冻症药物的则几乎没有。他们也非常坦诚地解释了原因。

一方面，药物研发的风险非常高。大型药企对新药研发的投资极为谨慎，它们会选择性地去收购有效的药物，但很少会做原始研发。中国药企的研发力量仍不足，这几十年，各大药企几乎都是在仿制药的大背景下生存。近几年，越来越多的药企开始加强自主研发，但即便是这样，去挑战罕见病的也是少之又少。

根据全球生物技术行业组织发布的一份报告，2011—2020年，全球开展的9704个药物临床开发项目中，从Ⅰ期临床到获得美国食品药品监督管理局批准上市，所需时间平均为10.5年，而罕见病药物的这一过程比其他药品还要多4年。而且目前国内对罕见病药品缺少特别的政策支持，在生产、研发环节缺少补偿和激励机制，导致进入临床阶段的罕见病药物数量寥寥无几。[①]

目前95%的罕见病依然无药可治，而渐冻症又是罕见病中的"硬骨头"，到今天为止，全世界在这方面没有任何可以阻止病情发展的药物，投入的数千亿美元不仅几乎全部失败，而且依然未实现任何重大突破。这让无数药企望而却步。

另一方面，从商业角度来说，罕见病的患者基数小，这就意味着市场狭小，利润空间有限。利润有限，研发者自然动力不足，投资者也不愿将资金注入这块狭窄的领域。"同样是研发药物，我为什么不做常见病的药呢？比如糖尿病，按1亿人来算，

[①] "天价"救命药入医保，距离破解罕见病医治难还有多远[OL].[2022-03-01]. https://baijiahao.baidu.com/s?id=1726081392352914569&wfr=spider&for=pc.

一人挣100元，加起来就是100亿元。"哪怕是在神经退行性疾病领域，企业也更愿意把钱投给阿尔茨海默病、帕金森等病，而对渐冻症退避三舍，因为前者患病群体庞大，回报率更高。

放眼全球，并不是没有公司挑战过渐冻症。近些年，各种新药机理层出不穷，各大药企也尝试用靶向药和基因疗法来攻克渐冻症，但直到现在，很多研究仍止于试验阶段。

一个著名的例子是美国的再生元制药公司。再生元制药公司于1988年由34岁的神经学家伦纳德·S.施莱费尔创立。从公司名字就能看出，它专注于神经领域，要"让神经元再生"。创立伊始，它就宣布要对渐冻症这一世纪绝症发起猛攻，并被人们寄予厚望，在产品问世之前就在纳斯达克上市，募集了近亿美元。没想到，1994年再生元研发的两款渐冻症药物都因疗效甚微，止步于Ⅲ期临床试验。要知道，每宣布一次停止和终止临床试验，公司迎来的都是股价的大跌，还有很长一段时期资本对此类药物研发的不看好。一次短暂的成功，却带来了一个漫长的低落期。

后来，再生元将产品线拓展到神经系统疾病领域之外，2008年终于推出了自己的第一款产品——治疗罕见病复发性心包炎的药物Arcalyst，而这时距离公司成立已经整整20年了。

不论是科学家还是投资人，20年的蛰伏等待都是难以忍受的。而Arcalyst并没能大卖，直到2011年再生元与拜耳公司联合推出的另一款药阿柏西普（治疗湿性黄斑变性的药物），才真正让再生元的利润表第一次由负转正。

另一个例子是细胞治疗公司 BrainStorm。它从 2001 年开始就致力于通过 NurOwn 干细胞疗法探索治愈渐冻症的途径，并且研发的药物通过了Ⅰ期与Ⅱ期临床试验，这也让它成为最受渐冻症患者期待的公司。但是，2020 年 11 月 17 日，BrainStorm 公司宣布，Ⅲ期临床试验结束，实验数据未能显示出统计学差异，这意味着药物对渐冻症没有明显疗效。长达 19 年的干细胞药物研发宣告失败。

当天，BrainStorm 股价暴跌 70%。

也就在那天晚上，这个坏消息在我们十几个病友群里迅速扩散。

"我们还有希望吗？"一位病友问。他发病已经 5 年，之前一直坚信自己能等到 BrainStorm 的新药上市，而现在，生存的希望就像燃尽的蜡烛一样迅速熄灭了。

"其实希望破灭最可怕。"另一位病友说。

我看着信息，不知道怎么回复。

那一个星期，我们病友群里有十几位病友去世，其中好几位是主动选择了死亡。

大会之后，我又去拜访了多家药企，它们也几乎没有涉及渐冻症领域的药物研发。一款药物从基础研究到审批上市，是巨额资金投入与运气交织的残酷游戏，是要历经一代人甚至几代人的疯狂马拉松。对企业来说，它们只是做了无奈又理性的选择。

不过在这个过程中，我也有一个重要收获。一位关注神经退行性疾病的药学家辗转联系到我，他的生物科技公司已经做了六七年的渐冻症药物研发，但由于资金不足，后来不得不搁置。他希望帮到我，同时也希望我能给他们资金支持。

　　简直就是惊喜！这不仅让我看到了希望，而且极大地拓展了我的思路：原来，要推动渐冻症的药物研发，我不应该仅仅去找大型药企，而应该更多地去找科学家。

　　他们是攻克渐冻症这个漫长链条上更接近源头的人。

第四章　见高人，尝百药

2021年9月11日，《中国罕见病定义研究报告2021》在上海发布，报告中首次提出了"中国罕见病2021年版定义"，即应将"新生儿发病率小于1/万、患病率小于1/万、患病人数小于14万的疾病"列入罕见病。

2010年，中华医学会医学遗传学分会曾经制定了"患病率小于1/50万或新生儿发病率小于1/万"为罕见病的中国定义，这被视为史上"0"的突破并一直沿用。此次报告是自2010年来，罕见病定义的首次更新。

……

"国际上，孤儿药[①]最早就是和罕见病关联的。孤儿药解决罕见病问题的关键之一，因为人少，所以最核心是没有人研发，原因是研发成本很高。所以，其他国家解决的经验通常是通过给孤儿药定义，鼓励更多企业有动力投入研发推出新药。"上海市卫生和健康发展研究中心的康琦博士介绍孤儿药定义的国际经验和思考。

本次重新修订的罕见病定义，为制定中国孤儿药定义提供了参考，也为今后孤儿药的研发和生产，制定保护和激励政策奠定了基础。明确孤儿药定义，将促进中国罕见病药物研发，推动医药领域科技创新。

——《中国罕见病定义研究报告发布：患病人数小于14万为罕见病》，

人民日报健康客户端，2021年9月12日

---

① 孤儿药，又称罕用药，用于罕见病或是商业价值小、没有赞助商愿意投资开发的药物。

第五章

疯狂的石头

"这事只有外星人才能做成。"

链接的力量

"你们是不是已经尽了最大的努力？"

2021年11月11日，国家医保药品目录谈判现场，针对药企代表们报出的每支37800元的价格，国家医保局谈判代表张劲妮说出了这样一句话。她面色平静，几乎看不出太多表情，语调柔和而坚定。

之前，药企代表们已经给出了四轮报价，从最初的每支53680元，到48000元、45800元、42800元，直到第五轮再降5000元，报出37800元。这时候离他们坐到谈判桌前已经过去了40多分钟。三位药企代表的表情明显从落座时的从容淡定变得有些急迫。

"你们给点儿提示。"

"这个价格进到谈判空间非常艰难。"张劲妮的回答简洁而有力。

代表们不得不再次起身,来到谈判室外的走廊尽头,噼里啪啦地敲着手里的计算器。之前他们已经一次次到门外商量。谈判是心理和能力的多重博弈。对他们来说,一方面,如果自家的药品能进入国家医保药品目录,以中国的人口基数和市场空间,无疑会给企业带来巨大的销售利润;反过来说,如果错失这个机会,将是他们不能承受的代价。但另一方面,他们又要尽最大可能为企业保留利润空间。

5分钟后,药企代表们推门进来。

"我们报价34020元。"

时间凝固了两秒钟。"这个价格……我觉得我们前边的努力都白费了,我真的有点儿难过……"张劲妮尴尬又略带惋惜地说。药企代表们脸上的错愕之情冻结在逐渐降温的空气中。

"我们双方都是抱着极大的愿望,希望能谈成。对患者来说,每一个小群体都不应该被放弃,对你们来说,一个药进到目录里来可能带来数千人缴费,我想这个账你们算得比我清楚。"张劲妮说完,侧向左边的谈判组成员低声说了些什么,然后转过来重新正对三位药企代表:"我们商量了一下,33000元,一个整数,希望你们能够接受。"

对面药企代表们又一次攥紧了手中的计算器。进入第八轮报价,双方几乎都已接近体力和耐力的极限。又是漫长的六七分钟,药企代表们终于确认报价,33000元。

"好的,成交。"

这场谈判在央视新闻播出后，被网友们称为"灵魂砍价"。砍价的对象是诺西那生钠注射液，一款治疗脊髓性肌萎缩的药物。该药2016年12月首次在美国获批，是全球首个脊髓性肌萎缩精准靶向治疗药物，第一年治疗需要注射6针，此后需每4个月注射一针。2019年4月，诺西那生钠注射液在中国获批上市，每针5毫升，价格70万元人民币，算下来第一年的费用就要420万元。这个费用让绝大多数等待救命的患者陷入了更大的绝望：有药了也不可能用得起。

而这次灵魂砍价终于让这个"天价药"从每针70万元降至3.3万元，降价幅度95%，除去医保报销，每针自费在一万元左右，给广大患者带来了生的希望。

和渐冻症一样，脊髓性肌萎缩也是一种运动神经元病，在诺西那生钠注射液问世之前，同样无药可治。根据患者发病年龄和临床病程，脊髓性肌萎缩由重到轻分为4型，其中Ⅰ型最严重，婴儿出生6个月内发病，一般活不过两岁，家长们只能看着新生儿一点点因为呼吸衰竭而死去。

美国女孩阿里娅·辛格（Arya Singh）就是其中不幸的一员。2000年出生的她，17个月时仍然不太会走路，迈几步就会摔倒。起初阿里娅的父母都以为女儿只是发育慢一些，后来在一位医生朋友的提醒下，他们带女儿去看了神经科医生，然后得到了一个五雷轰顶的消息：阿里娅患的是脊髓性肌萎缩。

如果说有一点万幸，那就是阿里娅的症状相对温和，应该可以活到成年。不过随着长大，她也会渐渐失去行动能力，并随时面临死亡风险。

阿里娅的父母开始疯狂寻医问药。绝望的是，他们发现市面上不但没有药，而且对这个病的相关药物研发都极其稀少。情况大致跟渐冻症一样：患病人数少，市场狭小，药企和科研机构没有动力投入相关研发。

但和渐冻症不同的是，科学界已经明确了脊髓性肌萎缩的致病基因，它是SMNl基因突变导致的，靶点和治疗方法非常清晰，因此找到治疗方案的机会很大。

于是，这对不甘心的父母准备自己去推动脊髓性肌萎缩的药物研发。

阿里娅的父母都不是普通人。她的父亲迪纳卡·辛格（Dinakar Singh）是华尔街的风云人物。他出生在印度，10岁来到美国，不到30岁就成为高盛集团最年轻的合伙人之一，2005年又创办了对冲基金TPG–Axon资产管理公司，管理的财富达到40亿美元。阿里娅的母亲洛伦·恩（Loren Eng）也曾在投资银行工作，是斯坦福大学教育学和经济学双硕士。

女儿发病后，他们先自掏腰包1500万美元，建立了一个脊髓性肌萎缩基金，以资助科学家、研究人员找到脊髓性肌萎缩的治疗方法。

同时，他们发动一切力量争取更多的脊髓性肌萎缩研究经费。他们还积极游说生物科技公司，为其展示脊髓性肌萎缩药物广阔的市场空间。他们估算，如果研发出脊髓性肌萎缩的特效药，一年销售额预计在2.5亿~7.5亿美元，这对制药公司有极大的吸引力。

最重要的是，他们广泛链接科学家、实验室和药企，促进各环节的合作。而且，不像希利的 AMG 公司给麻省总医院捐款那样，只是给了医生和科研人员一笔钱，阿里娅的父母在提供资金支持的同时，还积极参与推动科研工作。比如，当科学家找不到能做动物实验的小鼠时，洛伦就亲自飞到中国台湾，把一批小鼠运到了美国；当知道某小型生物科技公司没有资源完成临床试验时，她又促成了其与某大型药企的合作。

2012 年，12 岁的阿里娅作为诺西那生钠的临床试验受试者，终于用上了第一支药。经过 10 年的治疗，她虽然还离不开轮椅，但她的上肢力量、呼吸和咀嚼的肌群都基本与正常人无异，可以自主生活，并且成功考入了耶鲁大学。

2016 年，诺西那生钠注射液成功审批上市，至此终结了脊髓性肌萎缩无药可治的历史。三年后，另一款治疗脊髓性肌萎缩的药 Zolgensma 也通过了美国食品药品监督管理局的审批，而且它比诺西那生钠注射液还要好，只要注射一针就可以。当然其价格也更高，一针 212.5 万美元，折合人民币 1400 多万元。

当科技的进步成为一种常态，成为各新闻开篇的固定发语词时，我们总容易产生一种错觉，那就是：科技的进步仿佛就是时间的礼物，是自然而然发生的，随着时间的推移，人类社会总会涌现出顶尖的大脑、顶尖的智慧来推动我们不断向前。

然而事实上，科学技术史上的任何一次更迭、突破，顶尖大脑的作用自不用说，但系统性的力量同样不可或缺，而这个系统中没有其他，就是一个个具体的人。拿脊髓性肌萎缩这个病来说，早在阿里娅的父母行动之前，美国国立卫生研究院的一位神经科学家就提出过脊髓性肌萎缩药物研发的创新项目，但苦于制度流程、资金等多重因素，迟迟无法推进，一拖就将近两年。直到阿里娅的父母发动50多位科学家联合向美国国立卫生研究院请愿，他们甚至还聘请了一名说客，把脊髓性肌萎缩患者团体组织起来，给国会发了400多封邮件，呼吁了大半年后，这个项目才终于引起关注，并得以启动。这也让越来越多的药企开始研发脊髓性肌萎缩的药物。

之前那些因为没等到药而失去生命的患者，也许只能感叹"没赶上科技的进步"。但科技真的没有进步吗？很多时候，科学家已经触碰到了皇冠上的那颗明珠，找到了技术突破口，但由于人力、物力、财力等研发人员自身无法控制的因素，药物管线一搁置就是数年、十多年，甚至更长时间，这种事情在药物研发领域一点儿都不稀奇。

合理推算，如果没有阿里娅父母的助推，脊髓性肌萎缩的特效药也许还要晚10年、20年甚至50年才能问世。

这个世界就是一个巨大的系统，系统中有不计其数的节点，将资源连接成线、交织成网。阿里娅的父母就是这样的核心节点，他们不断链接系统中的资源，将科研与商业链接，将智力与财力链接，将实验室与真实社会链接，才触发并推动了那看似稀松平常的5个字——"科技的进步"。他们不仅救了自己的女儿，而且救了全世界的脊髓性肌萎缩患者，让那些被绑在轮椅和床上的儿童与青少年重新焕发他们本该有的活力。

当读到这个激动人心的故事时,我也正在像阿里娅的父母一样,疯狂地找药企和科学家。我们的思路不谋而合,这在一定程度上让我更坚定了自己的方向,虽然相对于脊髓性肌萎缩这种单基因疾病,病因不明的渐冻症要难得多。

我不打算制药,我要做的是整合资源,推动更多突破性的渐冻症药物研发的可能,做这个链条中的核心节点、催化剂和加速器。如果将患者、药企、科学家之间的关系比作电商模式,我就是链接整个系统的平台。我需要与药企、投资人讲商业逻辑与市场前景,与科学家讨论渐冻症药品研发和转化的可能性,最终让药企研发之后的变现路径更短、速度更快,患者得到药品的速度也更快,整个商业闭环高效完成,投资人也就更容易做出投资决策。

最初我把这个想法告诉夫人时,她觉得我疯了:"你要自己找科学家去推药物管线,开玩笑呢?BrainStorm 搞了19年都没成,你要去搞?"

夫人研究生时读的就是药物研发方向,算得上是"圈内人",自己还拥有药物发明专利,她太清楚药物研发中的艰辛,何况是神经退行性疾病,更何况是连致病机理都不明确的渐冻症。

"堂吉诃德还面对个风车呢,你连敌人在哪儿都不知道,怎么打?"

的确,对任何一个药物研发领域的人或者一个理性的人来说,这个选项都不成立。且不论渐冻症这个病有多难,单说要搞药物研发这件事就已足够"奇葩"。首先，这需要很多很多的钱，研发药物所消耗的资金都是以亿为单位，平均下来要数十亿元，那就是在烧钱。其次还需要一个团队，一个高端、专业、有研究能力的团队。最后也是最重要的，这需要时间。一款新药的上市要经历基础研究、动物实验以及人体临床Ⅰ期、Ⅱ期、Ⅲ期，全流程跑下来至少要10年以上，而且还有极大的可能最终研究失败，一切归零。

先不说其他条件，光是"时间"这一条我就无法奢望。那时我已发病两年多，幸运的话，也许还剩三年可以努力的时间。想用这点儿时间去攻克一个世界难题，完全是自不量力。

"自不量力"这个词别人也对我说过。我好像从小就喜欢做些"自不量力"的事。

三年级的时候，有一天放学后我留下值日，离校时天已经擦黑。出校门不远就碰到了两个"小混混"，他们个子都高我一头，看样子是高年级的，手上拎着书包从对面小卖部溜达出来。过程已经模糊，只记得在我反应过来后，已被一个男生在后脑勺拍了一巴掌。我完全不认识这两个人，估计他们也是临时起意，看我独自一人，又个子小小的，就想表现一下优越感。

我愣了几秒，几乎本能地摘下书包，攥紧书包背带，往打我的男生后背就是一抡。书包里没几本书，但多少是个武器。男生好像发现了什么惊奇的事情，不可置信地俯视着我："小屁孩还敢还手？自不量力！"说着，他俩一个人夺我书包，一个人就开始上腿，朝我踹过来。很快，小卖部的大爷掀棉帘走出来，喝住了我们，驱散我们赶紧回家。我吃了几脚，但对方也没占到什么便宜。

其实当时我也没多想，我知道自己干不过他们，但你敢挑衅我，我就敢跟你干——这就是一个八九岁少年的朴素认知。30年后已不再是少年的我又一次遇到了挑衅，而且是这个世界上最蛮横、霸道、不讲理的对手之一，我发现自己的想法依然没有改变。

你揍我两拳，我就要扫你一腿，哪怕你比我强大千倍万倍。

如果说有什么不一样，那就是这次我不光是被动应战，更要主动进攻。这甚至让我有点兴奋："挑战一般的病有啥意思，要挑战，就挑战个大的！"

新技术，新希望

回想起来，其实在2020年我就陆续认识了不少科学家，只是当时主要是为了找治疗方法，还没有想过要自己搞科研。那时候，一切和医疗、制药、生物科技领域相关的机构、个人，我都积极去拜访，同事、同学、朋友也为我引荐了不少。

六度分隔理论认为，你和陌生人之间的间隔不会超过6个人，即最多辗转6次，你就能认识你想认识的任何一个陌生人。对我来说，辗转了几次不知道，但人与人之间的神奇关联的确帮了我很多。

比如，我在中财龙马学院的老师为我介绍了他的一个学员——一家生物科技公司的董事长，董事长又推荐给我多位科学家、企业家、院士，院士又介绍了他的学生……

再比如，北京大学医学部药学院的刘俊义院长，虽然我们也是初次相识，但他对我的事极其上心，只要是他够得上的资源，几乎倾囊相授。他为我引荐了多位科学家和业内人士，还在百忙之中陪着我去拜访药企。不仅如此，我的科研启蒙不少都得益于刘院长。

有一次他和我说起一个研发中的药物，我问药效如何，他说："动物实验数据还不错，我带你去看看做这个的动物实验基地吧。"

当时的我对动物实验完全是门外汉，对于怎么设计实验、怎么看数据等一概不懂。那个动物实验基地有4500平方米，光动物区就有2000多平方米。基地负责人张博士为我详细讲解了实验数据。

药物研发需要做大量动物实验，但一般动物实验效率很低，成本高昂，而且时间长，光培养实验动物就需要几个月。张博士的专业能力让我信服，于是我邀请他合作："咱们做渐冻症吧，我来一起支持。"张博士很爽快地答应了。他坦言，这个动物实验基地一直都是他自己在支撑，几年下来早已捉襟见肘，入不敷出。

这也是药物研发链条上各个环节的共同特征——缺钱。

合作后，我也切实感受到了什么叫"经费在燃烧"：租场地、采购动物、饲养动物、做各种检测……

首先，需要从美国引入渐冻症动物模型——SOD1（超氧化物歧化酶1）基因突变小鼠，一只约25克模型鼠的购置价格在数千元人民币。其次，动物房要维持恒温、恒湿、洁净，耗电量巨大，场租费加电费的成本分摊到每只小鼠身上，一年就要1000多元；一只小鼠每天伙食费1~3元，每只做基因检测要数百元。折算下来，购置和饲养一只实验小鼠，一年总开销就是数千元，1000多只就是数百万元。这些小鼠并不是全部都能用于实验，经过检测后，一般只有约1/4的小鼠符合实验要求，其他的则要被淘汰。这宝贵的1/4也有被浪费的，因为小鼠的生命周期不长，用药窗口期很短，如果没有新药可以及时用上，那么前期的所有费用都会打水漂。

除此之外，动物实验费用更是一笔不菲的开支——给模型鼠做静脉注射、腰椎穿刺、药效评价、行为学测试、抓力测试、滚筒实验、游泳实验、旷场试验、电生理检测，以及做解剖、血药浓度检测、脑部药物分布……每一个项目都要花费数十元乃至上百元，一只小鼠所有项目做下来实验费就要几百元乃至更高。

尽管艰难，我们仍对颠覆性药物免费开放，尽最大努力为任何可能的科研方向提供支持。经过两年多的时间，这个基地已经成为国内最大规模的渐冻症动物实验基地，最多的时候约有1500只渐冻症小鼠可同步接受药物实验。而且这里的动物实验只需几个小时就可以直接启动，效率极高，在之后的管线推动中发挥了重要作用。

比如 2021 年上半年，我们与首都医科大学北京神经科学研究所副所长李晓光教授合作开启的"生物活性材料调控神经元再生治疗 ALS 实验"计划，动物实验的部分就是由我们基地提供的支持。

李晓光教授是神经再生领域的专家，主要研究应用组织工程修复中枢神经损伤。他带领团队历时 20 余年，在国际上率先破解了中枢神经元再生的核心问题——神经元再生。这次实验计划，就是要采用自主研制的生物活性材料，通过诱导成年自体内源性干细胞高比例分化为新生神经元，重建神经网络。简单来说，就是补充新生神经元来维持神经系统的功能。

第一批小鼠的实验数据非常好，小鼠生存期延长了 3 倍多，即到 100 多天，而服用力如太的对照组只能延长 7.5 天。后续效果还需持续观察。

为我引荐李晓光教授的是中国科学院院士苏国辉。他还是美国国家发明家科学院院士、中国医学科学院学部委员、暨南大学粤港澳中枢神经再生研究院院长，在神经修复和再生领域是当之无愧的权威。在了解了我的情况后，苏院长对我非常关切，为我介绍了包括李晓光教授在内的多位神经系统领域的专家。

就这样，我的科学家资源一点点拓展，几乎每个新结识的人又会继续为我打开三四个甚至更多通路，促成新的可能性。除了朋友介绍，更让我意外的是"弱连接"的力量，一些平时并不常联系甚至只有一面之缘的朋友，给我带来了很多重要资源。

有一次我参加一个行业健康大会并做了发言，会后一位四五十岁的女士走向我，说："蔡总，刚才听了你的发言，我真的被打动了。我是天坛医院妇产科主任，你想不想认识我们院的院长？他也是神经学的专家。"

当然愿意了！求之不得。很快我便联系上了天坛医院王伊龙副院长，并前去拜会。王院长和我年龄相仿，在神经病学领域钻研了近20年，年轻有为。第一次见面，我先介绍了自己的患病情况，然后重点说了我目前在做的事情。

"我现在的身体状态还不错，也不影响工作，所以我想抓紧为这个病的攻克做点事情。我们已经搭建起了渐冻症患者大数据平台，并且联系了一些国内外科学家，有些已经在合作了，目标就是推进有望的药物研发。"

王院长一直很认真地听我说话。他也是个性情中人，听完感慨道："我本来以为你今天主要是咨询治疗方法，没想到……"

"治疗方法都找遍了，所以我知道现阶段也没什么好办法。"我笑着说，"我大概率等不到药了，但希望能让以后的患者有更多的希望。以运动神经元病为代表的重大神经退行性疾病有大约1000万人，我想在死前能救1/10，救下100万人。"

他很受触动，也表示会大力支持。后来他主动带我拜会了天坛医院的王拥军院长。那次两位王院长向我详细介绍了他们医院后续在神经系统性疾病领域有关创新医药的规划和想法，也希望我从创新创业的角度给出一定的参考意见。

二位一看就是务实的人，没有官话套话，讲的都是实实在在的项目和思路。他们也非常认可我的能力和情怀。那天我们聊得非常热烈，一种相见恨晚的感觉。

神经科学一直是天坛医院的特色领域，这里集医、教、研、防为一体，设有全国唯一一个国家神经系统疾病临床医学研究中心。两位院长带我参观了中心，讲解了中心现在推进的一些重点项目。

"你看这台核磁共振仪，7T 的，全国只有 4 台，一台成本将近一个亿。它能在无创的情况下，超高清地看到我们的大脑神经元、神经网络是怎么工作的。临床医院里启用 7T 磁共振的，我们是国内第一家。"

这两三年，磁共振成像我可没少做。这台设备外观看起来和普通医院用的设备差不多，但 7T 是我没法想象的。

T 代表场强的大小，T 越大通常意味着可以成像的分辨率越高。目前医院用的核磁共振设备通常是 1.5T 和 3T 的。3T 核磁共振仪可以分辨小至 1 毫米的细节，而在 7T 设备上，则能看到百微米级别的细节。也就是说，你用肉眼就能看到脑组织里的精细血管和神经元细胞的构造及病理特征，并且能看到整个脑区的全局。这将极大推动我们破解大脑之谜的进程。

这次参观让我大开眼界，这些国际顶级的前沿设备必将成为治疗神经系统疾病的利器。我和两位院长相约一起为人类神经退行性疾病，包括渐冻症做点事情。他们还答应我："只要你有有效药物上线，在合规的前提下，这边会努力以最快的速度上临床。"

当初那位好心的妇产科主任肯定不会想到,她的一个善举不仅是一次简单的牵线搭桥。2023 年,我们计划有数条药物研发管线与天坛医院合作。

神经再生

当然,也不是每一次都这么顺利。很多科学家,在我一一去拜访,和他们做深入交流后都表示抱歉,说自己的研究"帮不上什么忙",或是现在还没有关注渐冻症的方向。

起初陈功教授也是这样说的。

2020 年 11 月初,我在最新一期的《细胞神经科学前沿》(*Frontiers in Cellular Neuroscience*)上读到一篇论文《神经再生型基因疗法将胶质疤痕组织逆转为神经活性组织》,作者是暨南大学陈功教授领导的团队。他们的研究证明,胶质疤痕组织可以通过神经再生型基因疗法逆转为神经活性组织。

人体大脑中主要有两大类细胞——神经元和胶质细胞,当大脑受到损伤或发生病变时,二者都会受到侵害。神经元通常会死亡或发生退行性病变,由于其不能分裂,所以一旦死亡,所执行的脑功能就可能永久性丧失。胶质细胞则不同,即便有些会死亡,但存活的胶质细胞会被损伤或病变激活并分裂增生,这些胶质细胞被称为应激型胶质细胞。

应激型胶质细胞是对脑损伤的一种保护反应,它们迅速渗入损伤部位,交织成一张防御网,阻止细菌和毒素侵袭损伤周围的健康组织。然而，遗憾的是，这些胶质细胞在有效地控制损伤部位之后并不会陆续撤离，而是长期占领损伤的脑组织，最终形成胶质疤痕，严重抑制神经元的生长和功能恢复。[①] 就像发生车祸后，警车、救护车赶到现场救助是必要的，但如果救助车辆一直堵在事发地不走，那么事发地就无法正常通车。

过去，医学和科学界曾试图通过切除应激型胶质细胞等手段来解决这个问题，但如果这样做，应激型胶质细胞对于大脑损伤的防御屏障也就被拆除了。问题陷入两难之境。

陈功团队的解决方式是，运用神经转录因子 NeuroD1 将应激型胶质细胞原位直接转化为功能性神经元，重构神经环路。这种方法就是"神经再生型基因疗法"。2013 年，他们成功将阿尔茨海默病小鼠脑中的胶质细胞再生为神经元，创下国际首例。现在，他们又在非人灵长类动物身上做实验，在缺血性脑卒中模型的成年猴子大脑中看到了同样的效果，这仍然是国际首例。

其实长期以来，全球神经科学界都有一个观点：神经元是不能再生的，而现在陈功教授的实验表明，神经元不仅可以再生，而且有可掌控的方法。

看完这篇论文，我兴奋地在房间里走来走去。如果这个神经再生技术应用于渐冻症，是否意味着那些凋亡的运动神经元有可

---

① 陈功团队：修复大脑，造福人类 [OL]. [2021-09-03]. https://m.thepaper.cn/baijiahao_14364114.

能找到"替补队员"呢?

我一定要找到陈功教授。

当你决心做一件事时,全世界都会为你开道。很快,通过朋友引荐,我如愿拿到了陈功教授的联系方式。当时他人在广州,疫情原因我们没法见面,只能通过视频沟通。

陈功教授看上去很年轻,也很随和,毫无世界级科学家的架子。此前他在美国宾夕法尼亚州立大学(以下简称"宾大")做了18年科研,从助理教授到教授、终身教授,再到维恩·魏勒曼冠名主任教授,用他的话说,"做了一辈子的神经科学,自己只懂肩膀以上的部分——脑袋"。2019年,他从宾大辞职回国,全职加入暨南大学粤港澳中枢神经再生研究院,建立大脑修复中心,为解决重大脑疾病探索神经再生的新途径。

我此前已经向他简单介绍了自己的情况,表达了我想要助力科学家将研究成果尽快转化成药物的愿望。

"您有没有想过用神经再生技术攻克一下渐冻症?"

视频那头的陈功教授坦诚地说:"抱歉啊,我们团队目前主要的方向是做脑卒中和阿尔茨海默病,渐冻症没有在我们首选的一批适应证之列。"

我之前了解过,陈功教授创立了一个基因治疗公司 NeuExcell Therapeutics。作为初创公司,他们需要开发自己的拳头产品,并快速向临床推进。"从资本角度来讲,渐冻症能够成为一个高效的研究模型。如果研发出对渐冻症有效的新药,很可能就直接打通了神经退行性疾病的治疗通路。"我试图用市场的逻辑说服他。

其实渐冻症与阿尔茨海默病、帕金森病同属于神经退行性疾病，发病机理相似，而渐冻症是其中病程发展最快的。如果能找到渐冻症的突破口，那么其他神经退行性疾病都可能被快速攻克。就好比扫雷，你点开一个关键的雷，会"哗"地炸开一大片。

"我可以来协助找资金，而且负责提供动物实验基地。"

陈功教授答应考虑考虑，不过他并没有考虑多久，很快就回复我："我决定改攻渐冻症，咱们就正式启动吧。"

他果然行动力极强。决定后，他立刻召集全体实验室成员开会，把渐冻症作为 NeuExcell Therapeutics 公司的研发重点，调集年轻的学术领头人和学生一起制订详细的实验计划，从基础研究和临床研究两方面齐头并进，希望尽早研发出治疗渐冻症的神经再生新疗法。

接下来我们每周日下午3点都会视频通话，讨论项目进展，制订后续规划。2021年秋天，陈功教授来到北京，我们终于实现了"网友见面"。我们都有点儿恍惚，已经一起工作了这么久，这竟然是我俩的第一次见面。

后来他问我："蔡总，你知道你哪句话打动的我吗？"

我说："我可以拉投资？"

"不是。你说你自己死了不要紧，但是你一定要改变渐冻症的现状。我觉得新技术就应该帮助像你这样有斗士精神的人。"

"别折腾了"

互联网行业的工作习惯告诉我,要创业,先融资。从打算为渐冻症事业努力起,我就陆陆续续开始见投资人、找企业家,不过当时由于生病的消息尚未公开,我还有些畏首畏尾。2021年4月关于我的专访报道发出后,我受到的媒体关注迅速多了起来,通过人民网、新华网、中央电视台、《南风窗》、凤凰网、腾讯新闻、中国经济网等数十家媒体的采访、报道,我的故事被越来越多的人知道,在社会上引起了一定的传播度和影响力。公司考虑到我的身体情况,为我办了病休,这让我能全力投入渐冻症这件事,我的融资之旅也全面开启。

通过与国内乃至国际顶级的科学家(有的在高校和科研院所,有的在药物研发企业)交流,我发现其实像陈功教授这样的科学家有不少,他们的研究对治疗渐冻症很有帮助,在动物实验或细胞层面已经显效,问题就在于缺乏资金做进一步的研发和转化。

我的设想是建立一个投资基金,通过自己以及投资人的钱支持科学家的项目,为这个转化过程加一个推力。

在互联网巨头公司从事财资管理工作10年,我积累的经验和人脉加上之前连续4次创业,其中有的项目顺利融资过亿元,这些都让我对自己的融资能力非常有信心。所以一开始我给自己定了个目标:先融10个亿。

这不是拍脑袋的数字。当时我计划推动20条药物管线,每条管线的动物实验和Ⅰ期临床试验的费用大约需要5000万元,

20 条管线就是 10 个亿。

我精心准备了一份 PPT，把所有能接触到的老总，至少是副总以上级别人物的投资机构拉了个单子，又把自己能想到的有情怀、有实力的企业家列了一遍，这些加起来有 100 多位。他们几乎填满了 2021 年我每一天的日程。

"大家好，我是蔡磊。2019 年我被确诊为肌萎缩侧索硬化，俗称渐冻症。"这个开场在接下来的一年多，我不知道重复了多少遍。

我从渐冻症的现状说起，讲到中国乃至全世界渐冻症患者面临的绝望境地。

"这个生命科学难题，如果没有人去推动，将永远被搁置在那里，我必须去做这件事，成立投资基金去攻克这些生命科学难题，造福人类，创造社会价值。"

动之以情之外，更要晓之以利。

"神经退行性疾病，如果我们只关注阿尔茨海默病，未必正确。阿尔茨海默病患者有 1000 万，但相当多的患者不会为这个疾病付费，因为患病者大多年迈，自己不认为得了病，也不愿意儿女在自己身上多花钱。就像我一个亲戚现在 80 多岁，得了阿尔茨海默病，但他坚决认为自己没有什么疾病，不需要治疗。而渐冻症的患病群体年龄大多在 40~60 岁之间，上有老下有小，都是家庭的顶梁柱，是社会的中坚力量，且夫妻只要一方患病，另一方定然会被同时卷入，照料伴侣的饮食起居。因此，一个家庭就算砸锅卖铁也会倾力救治。中国每年新增渐冻症患者 2.3 万人，就按现存约 10 万人来计算，每个人花 100 万元去治，10 万人就是 1000 个亿；全世界 50 万人的话，就是 5000 个亿。"

我再次给他们算起经济账，证明这个病虽然罕见，但目标用户救治意愿强烈，有积极的支付动机。市场首先考虑的就是用户，而我经过持续的努力和投入，已经通过系统搭建将用户汇集了起来，根本无须推广。

"去年（2020 年）我建立了渐冻症患者大数据平台，目前它已经成为全球最大的民间渐冻症组织，触达上万名渐冻症患者，有着数千人的患者详细数据。这么多病人，我跟药企谈就有极大的优势，这不单单是要救我一个人，而是现成的一万多个病人！"

我慷慨激昂、中气十足地连续讲了两个小时，归根到底一句话：渐冻症药物研发项目是不可复制的历史性机会，具有独特的投资价值。不管是从社会价值还是商业回报，都不容错过。

第一次路演效果非常好，能感受得到，在座的七八位投资人都被打动了。他们纷纷对我表示敬佩和赞赏。巧的是，有位投资人家族里也有渐冻症患者，所以他不仅表示对这个投资基金感兴趣，而且积极关注了渐愈互助之家，要动员亲戚加入这个平台。他们的热情反馈给了我极大的鼓励，离开的时候一位老总说："蔡总，咱们认识这么多年了，你的事我们肯定帮！"

宣讲了大半天，我已经口干舌燥、精疲力竭，但他这句话像给我吃了颗定心丸，让我走出大楼时虽然疲惫，却心潮澎湃。大数据平台在不断扩大，陈功教授等科学家已经拿着硬核技术蓄势待发,而我们的资金过不了多久也将陆续到位,马上就能推进动物实验。一切都在稳步有序地展开。

现在回想起来,我只能自嘲当时过于乐观,但那份乐观也不是毫无根据的。

过去10年,我参与过京东大大小小多个项目融资,从几千万元到上百亿元的都有。就在2020年8月,京东健康刚刚从高瓴资本拿到了8.3亿美元的融资;11月,京东健康又完成了13.6亿美元的战略融资,投资方为新加坡政府投资公司(GIC)、高瓴资本等多家国内外顶级投资机构。两轮融资就超过了20亿美元。京东多个业务板块在融资时,社会各界的投资机构、投资人不少是主动找来,请求获得投资的机会,整体融资相当顺利。

那是我熟悉的融资节奏,也是我认为或许会在渐冻症项目上复现的场景,哪怕没有人主动找来,至少也会吸引一批投资者。我在财经领域有丰富的经验,也是连续创业者,而且瞄准的是眼下大热的生物医药领域。新冠疫情以来,与绝大多数行业融资下降相反,生物医药领域的年融资交易额屡屡创下历史纪录,整个行业迎来了前所未有的发展机会。这在一定程度上也增加了我的信心。

然而,当我那份"名单宝典"已经划掉一半时,我仍没有收到任何实质性的反馈。我去催问,得到的回复一般都比较委婉:"你做这个事我真的很佩服,但是不属于我们的业务方向。"有的如实相告:"内部投资委员会认为风险太高,过会都没通过。"还有的建议:"这个基金的组建,如果你先出足够的钱,我们可以来配套跟一部分。"投资基金难的就是启动第一步，如果我有足够的钱，还来融资干吗？

我也拜访了一批实力雄厚的企业家，他们现场意向很明确，但最终都没了下文。有位相熟多年的企业家朋友，我打电话催了他好几次，他最后不得不承认："不瞒你说，这事我不是不重视，而是我咨询了很多专家，所有人都说这事成不了。为什么要拿钱打水漂呢？"

从投资回报的逻辑来看，他说的一点儿没错。罕见病，尤其是神经系统疾病新药的研发九死一生。过去上百年，全球顶尖科学家、药企投入上万亿美元，几乎全部打水漂。极高的风险性足以劝退绝大多数投资人。更离谱的是，作为基金管理者的蔡磊是一个绝症患者，随时都有可能倒下，不确定性极高。这每一个现实都精准踩在风险控制的雷点上。

企业家朋友也没和我绕弯子："蔡总，诚心劝你一句，你也别搞什么投资基金了。我捐给你500万元，你别再折腾了，好好休息行不行？"

我知道他是发自内心地想帮我。如果投资就能成功，他肯定会毫不犹豫地掏钱，但从理性来看，他很难说服自己这笔投资是有价值的。

我苦笑道："我要你500万元干吗，救我一个人不是我的追求，我需要的是上亿元的资金，是能支撑药物研发的'大钱'。"

有一位关注生命科学的企业家在听完我的汇报后，非常爽快地说："蔡磊，你的那点儿钱留给自己，你的项目我来支持。"

然而，当我满怀希望地把准备投资和已经投资的管线资料转给他后，却再也没有下文。我心里清楚，对方并不是不愿意支持，可能是他的团队认为这些方向成功概率比较低。这种在前沿研发中的意见分歧是很常见的，这个结果我能料到。

也曾有一位企业家被我打动，拿出上亿元给我设立投资基金。不过后来，考虑到对方从未投资过药物研发领域，显然对这笔钱带来的经济回报抱有较大期待，以为这会是一笔短平快的好投资。虽然我很需要这笔钱，但出于职业习惯，我还是坦诚相告药物研发投资的特殊性、周期性长、风险性高，不太符合他的预期。最终我还是没有用那笔钱。我不能让彼此的期待错位，让对方的期待落空。

我也试着找病友。毕竟商业素养告诉我，不能期望不相识的人"用爱发电"。渐冻症的药物研发，对此需求最迫切的只有渐冻症患者。我们病友群体中不乏财资雄厚者，身家上亿元的都有，而当我踌躇满志地动员他们来投资，迎头的仍然是一盆冷水。

有位病友的原话是："蔡总，如果你有药出来了，我可以花5倍甚至10倍的价格来买。但是如果让我一块儿投资来推动药物研发，这个事我干不了。我也不知道能活到哪天，我不想瞎折腾。"

他说得很实在，让人无力反驳。的确，能不能研制出药不说，就算研制出来，我们自己也大概率等不到、用不上。但要是每个人都这么想，没有人愿意承担风险去投入，这世上就永远不可能有药，不是吗？

"别折腾了",是我那十几个月中听得最多的一句话。朋友们言语中透着惋惜和无奈,但更多的是关怀,是对我不爱惜自己身体的埋怨和心疼。病友群里的一位大姐多次劝我:"蔡总,我对你很欣赏,也很敬佩,但你听大姐一句话,好好歇着,少折腾,争取多活两年,一定要把时间留给自己和家人。"她之前也是位颇有成就的企业高管,现已发病第七年,目前在美国休养。

"攻克渐冻症,这个事只有外星人能做成。"她又补了一句。

我笑了,我不就是"外星人"吗?我回她:"天下事有难易乎?为之,则难者亦易矣;不为,则易者亦难矣。"

大姐没有再回复。但后来,她把这几年在美国积累的数百位渐冻症患者的数据都导入到了渐愈互助之家。

我知道大家是好意提醒,所有这些善意和关怀都让我深表感激。我也不得不承认,"外星人"改变不了身体状况持续下滑的事实。2021年年初,我的右手还能在手机上打字,到了六七月份,食指、中指都相继伸不直了,我不得不借助一根触控笔,夹在弯曲的拇指和食指之间,用手腕的移动来点击屏幕。我的着装风格也慢慢统一成了T恤衫和运动裤,一切纽扣、拉链、系带类的衣物都被收到了衣柜深处。

但越是这样,我就越感觉时间紧迫,越要抓紧去干。

逐步卸下京东的部分工作后,我变得比过去更忙了。早上7点多起床,晚上一两点钟睡觉,每天开十几个会,约见四五拨人,有投资人、科学家、高校科研人员、公益组织负责人、病友,以及越来越多的媒体朋友。我需要通过媒体为渐冻症群体发声,让这个残酷的疾病被更多的医学家、科学家和社会各界关注。但有时候实在挤不出整块的时间接受采访,就只能请记者朋友跟着我在车上边走边聊。还有的媒体要求视频记录采访,我也照顾不周,只能让他们扛着机器跟着我东奔西跑。

2021年8月,格子邀请我上他的访谈节目聊一聊。格子是一位资深媒体人,平常做访谈一般不会提前和嘉宾沟通,以保持和嘉宾初次聊天时的那种新鲜感和灵感火花。但我的经历,用他的话来说"太特别了",所以他特意在录制前一周来找我,想了解我日常的工作状态。那天我正好全天都约了企业家做路演。上午会谈结束已经12点,下午2点钟格子和我会合,跟我一起去下一家企业。那天我们交流得不多,只能在会议的间隙穿插聊几句。

格子很细心,他说:"蔡总,据我观察,下午2点到7点,您的嘴几乎就没停过,不说话的时间大概也就5分钟。"

的确,路演是以我宣讲为主,而且要想感染别人、打动别人,让人家愿意出钱帮你,每一次我都必须打起十万分的精神,每句话、每个词都要说得精准、坚定、铿锵有力。格子观察到的还只是半天,其实那天从上午9点到晚上7点,10个小时里我的嘴几乎都没停。到了晚上,声音像砂纸磨过一样,嘶哑低沉,有气无力。

后来,格子的节目录得很顺利。他为人真诚,也很善于提问,我俩足足聊了两个多小时,是他平均节目时长的两倍。不过,那期访谈录完后,节目却迟迟没有发布,直到2022年4月才上线。格子后来和我解释说:"蔡总,其实节目早就制作好了,之所以被搁置了大半年,是因为当时我看到您整个人的状态,无论是在工作中还是在访谈中表露的那种坚定,都让我不敢相信。您说起患病的事或是跟人描述这个病时,都像个旁观者,仿佛在讨论的都是别人,跟自己无关,从来不会陷入患者当事人的情绪中。我拿不准您是不是刻意为之,一直有些犹豫,所以特意把节目闷了8个月。但这8个月中我在持续关注您,我发现您原来真的就是这样的人,让人不得不佩服。"

我感谢他的坦诚,更欣赏他对自己节目的认真负责。其实不是他一个人有过这样的疑虑,就连我夫人也奇怪:"就没怎么见你崩溃过。在外头没崩溃,回到家里也没有。"最开始她都怕我是装的乐观,担心我扛着太多的压力,劝我别绷着。"结果发现你竟然真是这样的。"

是的,研究渐冻症、脑科学及神经系统,这一切都让我兴奋。很多人小时候恐怕都有一个科学家梦,我也是。探索宇宙,探索生命,我还曾在小学作文里认认真真地立下誓言。现在,宇宙科学离自己太遥远了,我能有机会开始探索生命科学,是老天的眷顾。老天让我得病,同时又给我打开了一扇门,冥冥之中,让我又回到了最初的梦想。

我常想,在生命的长度上,自己应该是没什么优势了,那么就尽量活出宽度、厚度来,努力给这个世界、给后人留点儿什么。就像当年"小外星人"在作文里写的那样:"要为人类科学的进步做贡献。"

当然,"外星人"也有崩溃的时候。

复旦大学附属儿科医院神经内科主任医师王艺清晰记得，2019 年 10 月 10 日，诺西那生钠注射液在国内医院开打的那天。当时，中国 SMA 诊治中心联盟的八家医疗机构同时在早上 8 点半使用该药物治疗 SMA 患者，这相当于这一疾病诊疗领域的一次全国行动。大家之所以如此重视，是因为有一款新的药物使这一疾病完全不同。

"感觉特别震撼。"她回忆。这是第一个在中国上市的 SMA 领域里可治性的药物，它真正意义上针对这一疾病的病因和发病机制进行干预，意味着 SMA 从原来的完全不可治变成了一个可以治疗和修正自然病史的疾病。

——《国际罕见病日：诺西那生钠改变了什么？》，

凤凰网，2023 年 2 月 27 日

3
西西弗斯

第六章

习惯了"失败"

"你这是在自杀！"

迷路

2021年9月的一天,我依旧揣着满登登的日程表,8点半出了家门。那天约了两位科学家和两家投资公司。我打了个车,从北三环路演完,到东四环开了个午餐会,下午又奔赴国贸大厦,绕着北京最繁华的商圈跑了个遍。

下午拜访的这家投资公司在业内实力强劲。公司的一位医疗基金董事总经理帮我安排了这次会面,并且邀请了他们内部所有生物科技领域的投资人:有业务板块的负责人,有投行部门的负责人,还有数位董事总经理,重视程度让我非常感动。

路演内容大同小异。我介绍了自己之后,开始说明我准备成立一只超过10亿元的投资基金,由我来管理,推动渐冻症的药物研发,希望他们能够投资。一如既往的激情饱满,斗志昂扬。

投资经理提了不少问题,能看出他们是在认真思考这只基金落地的可行性。最后,医疗基金董事总经理说:"蔡总,我们对您很敬佩。聊这么长时间，目的就想支持您这个事。有个方案，您看这只基金能否由我们来管理？我们采用双 GP（普通合伙人）形式，您可以获得权益分成。"

这意味着基金未来的钱如何使用、投在哪个项目上，都将由他们决定，而我没有决定权。

投资项目，需要投资人对该项目有深刻的认知，这样才能甄别项目的优劣和成败概率，从而做出精准的判断。在渐冻症药物研发上，相信没有一个投资人可以比我了解得更全面、更深入、更专业。我和团队在做的是努力穷尽全球范围内关于渐冻症以及神经退行性疾病的研究成果，然后做横向分析，无论是神经科学上的最新进展，还是细胞生物学上可能的突破，包括中医药对这个疾病的治疗线索，每一个方向我们都不放过。有的药物方向甚至连动物实验都没有做，尚未进入大众视野，我就已经关注到了。对专业投资者来说，要做到这一点有很高的壁垒。虽然他们的投资团队中不乏顶级学府出身的生命科学相关的专业硕士，但投资人的工作决定了他们要关注所有的疾病，而不可能只把时间和精力聚焦在渐冻症上。他们了解的信息，可能只是冰山一角。

还是那个道理，对投资人来说这可能只是一份工作，而对我来说，这是拿命在拼的事业，专注程度不可同日而语。

更重要的是，对于渐冻症新药研发项目，我和专业投资人的判断出发点截然不同。专业投资人更多是从商业回报的角度来判断，面对多条管线，他会权衡利弊选其一，甚至一个都不选，而我为了推动药物研发，可能会多管齐下，因为我知道每条管线都有极大的可能会失败，所以必须全部押上——哪怕某一条药物管线失败，不能带来直接收益，但只要有一条成功，我们就可以覆盖所有成本，获取高额收益。

这种投资思路一般不会被投资人接受，所以，倘若我掌控不了基金，那么这只基金必将离我们的初衷渐行渐远。

我说："感谢总经理的提议。我建立这只基金，不是为了在短期内挣到更多的钱，而是为了链接和覆盖更多的项目。项目聚集，才能加快推进研究成果的转化，加快实现生命的救治。"

我相信他们是诚心诚意想帮我，否则不用搭上多位顶级投资人半天的宝贵时间，要知道他们每小时创造的价值可都是数以千万元。这次路演的结果仍然是：失败。

8点走出国贸大厦时，外边已经灯火通明。这是北京CBD（中央商务区）最华丽的时刻，那些白天看起来单调规矩的楼宇，被夜幕和灯光包装得高贵、神秘、魅力四射。有的人刚从写字楼里出来，匆匆钻进地铁口，有情侣相拥说笑着从我面前走过，也有打扮新潮的年轻人端着相机，专门跑到这里来拍照。人来人往，繁华热闹。

我穿过广场往路边走，想看看网约车到哪儿了。因为左手抬不起来，我只能将握手机的左手搭在腿上找个支撑，然后半弓着背，用右手操作屏幕。还没点开地图，来自侧后方的一股力量把我撞了个趔趄。循着这股力量望去，一个小伙子正朝我点头致歉，接着快步离开。我重新弓下腰，解锁，点开地图，面前的屏幕变得模糊一片。

我找不到车子的位置，也不清楚自己在哪儿。

抬起头，拥堵的三环路上，车辆正在以蜗牛般的速度爬上国贸桥。上下交错的桥梁像两个交叠的时空，奇妙又魔幻。

在另一个时空，一个渺小的身影也曾无数次站在这座巨型桥下。那是 2003 年的我，当时就在这座桥对面的招商局大厦上班，那是三星中国总部所在地。那时候我刚研究生毕业，还在努力适应西装衬衫公文包，努力想要融入快节奏的工作，想要在这个大城市里立足。那时我总感叹，北京太大了，连公交车都不知道坐哪趟。

电话响起，是网约车司机："您好，我已到达上车地点，您在哪儿呢？"

是啊，我在哪儿呢？

多年的打拼，我以为那个渺小的自己已经足够强大，已经在这个城市里找到了自己的位置，如今却发现，好像什么都没有改变。

蔡磊，你不是觉得自己很厉害吗？不是没有做不成的事吗？怎么 10 个月了连一分钱都没找到？明明已经看到了科研上的希望，却因为找不来钱，原地干等着。病友群里几乎每天都有人去世，和我同期住院的病友也已经走了三四位，其他的大都已经瘫痪在床，原来中气十足的老朱现在连话都说不清楚了。按概率推算，这 10 个月，仅仅在国内就有上万名病友离开了这个世界。

夏末的风没有带走空气中的闷热，反倒让我打了个冷战。面前的流光溢彩变得星星点点，模糊而遥远。

很快，我们的车也成为路上星星点点的一分子，缓慢地融入车流，上桥，下桥，结束了这漫长的一天。坐在车上，群里又有病友问："蔡总，什么时候能有药出来？"我想了想，用触控笔在屏幕上一下下敲出："年内有希望，大家保持信心。"

拳击场上，裁判只倒数10秒，数到1，你必须重新站起来，继续打下一个回合。

第二次冰桶挑战

融资困难，我开始考虑慈善筹款。

社会上渐冻症群体曾通过多种形式的活动吸引并呼吁社会的关注，其中最著名的莫过于2014年夏天风靡全球的"冰桶挑战"。活动由美国渐冻症患者、前棒球运动员皮特·弗拉特斯（Pete Frates）和他的好朋友、同为渐冻症患者的帕特里克·奎因等人发起。虽然他们俩并非冰桶挑战的发明者，但看到这个活动后，他们在社交媒体上向粉丝发布了自己参与冰桶挑战的视频，并积极呼吁社会各界参与这个活动，让更多人了解这种罕见病，并为渐冻症事业募捐。

短短几周内，冰桶挑战就在全美科技界大佬、职业运动员、娱乐界中风靡。比尔·盖茨、马克·扎克伯格、杰夫·贝索斯、蒂姆·库克、埃隆·马斯克等知名企业家以及金·卡戴珊、莱昂纳多·迪卡普里奥、威尔·史密斯等演艺界名人都纷纷参与了这项挑战。按照活动规则，被邀请者要么在 24 小时内接受挑战，发布自己被冰水浇遍全身的视频，要么就选择为对抗渐冻症捐出 100 美元。当接受完挑战后，参与者便可以向其他人发起挑战。很多人都是既选择了接受挑战同时又捐了款。

不久这股风潮也扩散至中国，包括雷军、李彦宏、周鸿祎、姚明、刘德华、周杰伦等中国科技圈、娱乐圈人士纷纷响应。

据美国媒体报道，2014 年 7 月至 8 月间，全球有 4.4 亿人观看了冰桶挑战视频，仅在美国，就有 170 万人参与挑战，250 万人捐款，总金额达到 1.15 亿美元。这笔捐款主要用于支持肌萎缩侧索硬化的研究。而在全球，这一活动共为肌萎缩侧索硬化患者筹募了高达 2.2 亿美元善款，创下了为某种疾病筹款的最高纪录，极大地推动了渐冻症知识普及、研究和患者扶助活动。

病毒式的传播效果和娱乐化的全民狂欢，为冰桶挑战带来了眼球效应。但令人啼笑皆非的是，很多人只记住了这个活动的名字，记住了一桶桶冰水从头浇下时各位名人的狼狈和热闹，却不清楚活动的目的究竟为何。我也是这样。当时话题被炒得沸沸扬扬，我只是听说过，但并不知道它背后意味着什么。

遗憾的是，第一次冰桶挑战的那两位发起人已于 2019 年和 2020 年相继离世。那么，我能不能接过他们的接力棒，发起第二次冰桶挑战，继续扩大社会对渐冻症的关注，募集更多的资金来推动药物研发呢？

2021 年 5 月产生这个想法后，我就和团队开始着手筹备。

定方案、选场地、请嘉宾、媒体营销推广……环节繁多而细碎，其中最耗心力的当然是邀请嘉宾。毋庸置疑，这个活动想引发传播，名人效应至关重要，就像第一次冰桶挑战的成功，很大程度上取决于关键节点性人物的引爆。于是我将企业界、媒体界、公益慈善界等各领域有影响力的人物拉了个长长的清单，我们挨个去联系。

如果是熟悉的老朋友，电话打过去，两三句话就能敲定意向，后续就是时间、地点等具体细节的对接。而面对一些企业家、名人，则需要拟定诚挚的邀请函，以及活动相关的介绍、海报等，一起发给对方。那段时间我每天要处理七八千条微信信息，其中和嘉宾沟通的信息就不下2000条。打字太慢，我只能通过语音输入，再用触控笔将转化后的错别字一一剔出并改正。名单中的大部分都表示大力支持，但有的人在外地，有的时间对不上，也有的迟迟没有答复。

这次活动的主要目的是募集公益资金，来加快推动渐冻症的科研和药物研发。那么如果大家捐款，捐到哪儿呢？需要一个专门用于渐冻症项目的款项平台，这就要联合公募基金会。但是找哪个基金会、从哪里着手，我当时还是一头雾水。我开始四处打听，各处拜访，表明自己想要发起成立这样一个公益计划的目的，并且还有一个重要因素必须考虑，那就是时间。

冰桶挑战活动的最佳时间肯定是在盛夏，炎炎夏日浇一桶冰水，大家身体尚能承受，如果等入秋后天气转凉，人们参与的积极性和可操作性就会显著降低。再考虑到活动发起后，需要起码一个月的传播和发酵，所以7月底成了我们活动上线的最后时限。

而按照基金会项目的管理流程，提交申请报告、提交书面立项建议书、提交协议书……一套流程走下来，按常规审批进度也要几个月。

后来，我找到中国社会福利基金会，并且直接拜会了基金会理事长戚学森。戚理事长为我们活动的初心所打动，帮助我联系到卫健委相关部门，加快推进项目的审核，在非常短的时间内就走完了所有审批。

终于在7月下旬，"中国社会福利基金会渐愈公益计划"审批通过。

类似这样的鼎力帮助，在整个活动过程中我经历过多次，除了感恩还是感恩。

活动定在2021年7月30日下午2点。29日北京大雨，一天没停，天气预报说第二天仍然有雨。夜里听着窗外噼里啪啦，我心里一直犯嘀咕：怎么办？嘉宾、媒体都邀请了，不可能临时换时间，也没法换到室内。

团队小伙伴也都一宿没睡好，第二天早早地到达活动场地想办法。当天早上又下起了中雨，之后淅淅沥沥地终于停了，到中午，阴着的天竟然开始放晴。距开场还有半个多小时，嘉宾们陆续到场，原中央电视台主持人郎永淳、搜狗创始人/CEO王小川、时任京东健康CEO辛利军、水滴创始人兼CEO沈鹏、亚洲品牌集团创始人兼CEO王建功、艾莎医学创始人兼CEO田永谦、中国社会福利基金会理事长戚学森、北京大学经济学院教授/国务院参事刘怡、中国信息协会副会长朱玉等都如约而至。很多知名的医学家专门调整了会议时间赶来参加活动。我的研究生导师、全国人大财政经济委员会前副主任委员郝如玉教授虽身在外地，无法参加，但在网络上发起了好几轮的募捐和呼吁。奥运冠军邓亚萍女士也因为当天正好赶上东京奥运会乒乓球比赛的直播，无法到场，但她在奥运节目下播后第一时间就与我互动，给予我支持。此外，不少患者及其家属也来到了现场，一起为活动加油助威。

下午 2 点，活动正式启动。

我先开场："大家好，我是蔡磊，今天是 2021 年 7 月 30 日。回想起 7 年前，我们的病友在美国发起冰桶挑战，让社会各界了解了渐冻症，知道了这个病的残酷，也推动了药物研发。7 年过去了，目前有效的药物还没有出来。虽然病魔在不断肆虐我的身体，但我必须站出来，至少我还有些时间可以继续战斗，也有能力链接到一些医学家和科学家，整合到一些资源。如果我自己作为患者都不站出来想办法，那么攻克渐冻症就更加困难，更加遥遥无期。现在，两位冰桶挑战的发起英雄已经去世，我接过接力棒，在中国再发起一次冰桶挑战，目标非常明确，就是希望加快我们的科研和药物研发，真正找到治疗渐冻症的方法，让几十万病人的生命得到拯救。"

现场摆放着一块镶嵌着"ALS"字样的冰砖，随着我和中国社会福利基金会理事长戚学森一起用锤子将冰砖砸碎，挑战正式开始。

我是第一个挑战者。其实要不要亲自下场参加挑战，我也犹豫了好几天。第一次冰桶挑战的发起者自己并没有浇冰桶，我夫人和家人也一直劝我不要挑战，担心一桶冰水的刺激会让我本已虚弱的身体承受不住。但反复思量，我还是决定自己站在冰桶之下。既然发起了活动，就要有奉献精神，就要让大家看到我的决心和投入。

我站在场地中央的气垫泳池中，摘掉眼镜，做了个深呼吸。两位好友在我身后，共同抬起了一桶盛有冰块的冷水，从我头上浇下。冰水接触到头皮的一刹那，我感觉全身毛孔紧急收缩，一口气憋在胸腔两三秒钟，然后一个激灵跳了起来。说了这么久的"冰桶"，这还是我第一次体验这种冷彻心扉的战栗感。

随后，一桶桶冰水在口号声中从在场参与者的头上倾倒而下，每次哗啦的水声后，都会迎来全场一阵掌声和喝彩。

那是热闹欢乐的一天，我收到了各界人士的加油打气，连在场的小朋友都举着拳头说"蔡磊叔叔加油"。现场发布了"中国社会福利基金会渐愈公益计划"，我带头捐赠100万元的时候更是踌躇满志。按我的计算，中国有14亿人口，财力雄厚的并不少，只要有100个人，每人捐100万元，不就有1个亿了吗？

特别让我感动的是我商丘一中93级的校友们，毕业20多年，好多同学一直没再见过了，但在得知我生病以及发起第二次冰桶挑战的消息时，他们自发组织起来，在北京、商丘、郑州、上海等地举办了多场冰桶挑战。

这成了一场特殊的同学聚会。9月初的北京场，大家都换上了统一的白T恤，就像是回到了中学时的集体活动时光。他们奋斗在各自的领域，有的做到了企业高管，有的在创业，有的成了检察长，但不管什么头衔，到了现场都立马动手干活：架背景板，立易拉宝，摆签到台，准备毛巾用具。线上也有同学和友人纷纷发来冰桶挑战视频，北京、广州、苏州、昆明、洛阳、宁波、南京、济南……来自全国各地的挑战者都在用切实的行动，践行着他们T恤上印着的那句话："攻克渐冻症，蔡磊加油！"

然而，一个多月后，活动募集的资金数额再次像一桶冰水，将我从头到脚浇了个透——捐款总额不到200万元，除了我和朋友以及渐冻症病友们的捐款，来自社会陌生人的捐款只有10多万元。也就是说，我们的活动虽然得到了大量有识之士的参与和支持，却终究没有破圈，没有从一个公益项目跃升为全社会的议题。

7年前第一次冰桶挑战的蝴蝶扇动着翅膀，引发了一场海啸，而我们这次的"蝴蝶"似乎在现场盘旋一圈就销声匿迹、无影无踪了。

不仅如此，活动本身也遭到了一些非议。比如，社交媒体上有网友评论："搞这么大阵仗，不就是为了救你自己吗？"

这种留言让我很无奈。我不否认想自救，但这并不是我的初心和目标，我希望国内数万和全球几十万名患者都能从中受益。这个群体虽然绝对数值不小，但散失在更广阔的人海中，声量微弱。如果不是极低概率地降临在自己或至亲身上，人们无法对这种病症产生类似癌症一样的普遍共情与恐慌。

曾有位病友告诉我，自己的检查结果出来了，并不是渐冻症。这是个天大的好消息，我真心替他高兴。紧接着，我问他愿不愿意加入攻克渐冻症的事业。

"你经历过生死，深刻了解这个病的残酷和困难，如果你都不愿意帮助别人，那就更没有人愿意站出来帮助这些患者了。"

很长时间过去了，对方一直没再回我消息。

渐冻症患者之难，就在于此。这个病之前在国内的宣传基础太薄弱，我们不得不从头做起。我们需要的不仅仅是广义上的支持，还需要大量的资金、顶级科学家的关注和投入，更需要让企业家、科学家和社会各界都相信这个药物研发有意义，且有希望。

更让我无奈的是，不光外界不相信，连我们自己团队的小伙伴也不相信了。

分 歧

"蔡总，我不想干了。"小周找到我，表情复杂。

小周是我的科研助理，2020年下半年加入公司，已经属于我们团队的老员工了。生病后我一直在看论文，跟踪渐冻症、神经退行性疾病以及神经系统相关疾病的研究进展。随着对这个疾病的原理机制了解得越来越深入，我越来越坚信从科学上找到渐冻症突破口的路径是通的。而且，2020年我开始频繁拜会科学家，我只有对相关领域的研究成果、最新进展有所了解，甚至了如指掌，才能跟他们有效沟通。再加上我的手部操作逐渐不方便起来，我一个人的搜索分析精力有限，于是，到2020年下半年,我开始增加科研助理,协助我一起做科研调研,查阅和沟通国内外药物研发管线。小周就是其中一位。

小周并不是生物学和神经系统学科出身,但她思维清晰,头脑灵活,学习能力强,在协助我筛选科研信息、准备路演资料的过程中一直发挥着重要作用。所以她提出辞职,完全出乎我的意料。

"为什么?"

"这个活儿太磨人了,看不到希望。"

我们的工作粗略来说就是搜集各种相关科研线索,一旦发现国内外某个科学家的新研究或新思路,我们需要立马评估这个治疗方向的可行性,如果可行,则以最快的速度与科学家合作,设计药物研发管线,包括做动物实验、临床试验。

因为渐冻症的病因不明,关于病因有各种猜测,这些猜测里面会引申出一些正在研究以及已研究出来的靶点。小周平均每天要阅读50~100篇论文,把关于病理发现、病因研究、明确靶点和药研方向的内容全部整理出来。除了要看渐冻症相关的文献,我们也要研究脊髓损伤、神经退行性疾病、帕金森病、阿尔茨海默病、运动神经元病、神经再生、神经免疫学以及干细胞、基因等方面的相关文献。到目前为止,我们推动和参与推动的药物管线超过70条,虽然超过一半已被证明失败,但失败的同时又有新的管线启动。

失败是科研的常态。我们就像在用穷举法来翻拼图,假如整个拼图有1000块,我们这辈子马不停蹄地翻,也许就只能翻开

30块,而且大概率翻不到正确的那块。即使这样,至少我们为后人排除了这30块不对,他们就不用重复试错了。所以,失败也是有意义的,或者说,我已经习惯了"失败"。

但显然不是每个人都习惯。对小周来说,这种无穷尽的尝试和"失败",就像走进一条看不见出口的隧道,看似有路,却越走越绝望;更像是一次次将巨石推上山的西西弗斯,周而复始,做着注定要失败的努力。

让人痛苦的不是推石头上山本身,而是这无用又无望的劳作,既看不到成果,也找不到意义,只有永无止境的辛苦,以及"希望—失望—再希望—再失望"的无限循环。在"巨石"面前,个体太渺小了,而且这不同于愚公移山,再大的山也有被挖完的一天。但是西西弗斯的"石头"永远推不完。正如小周说的"磨人",再强大的意志也难免在一次次从山顶到山脚的往返中、在"石头"的无数次滚落中消磨殆尽。

有这样想法的不止她一个。我曾招过几位名校毕业的生物学神经系统方向的博士生来看论文,跟踪国际上的科研方向,月薪数万元,但很遗憾,有位博士干了不到一个月就离职去了别的企业。他说:"蔡总,我跟我导师聊了,他说攻克渐冻症30年也许有可能,近10年内没可能。所以您现在做这件事是不可能成功的。我就算跟着您干下去,如果您不能再工作了,那么这份工作经历对我未来的职业发展也没有意义。"

他的导师是国内顶级的科学家,权威中的权威,所以他选择听导师的建议,我也表示理解。这个工作的确具有高度不确定性，在绝大多数人眼中失败率几乎是100%。一个前景无限光明的高端人才投身一个前景无限暗淡的事业，谁都会觉得迷茫，甚至荒诞。

相对于这位博士生，小周算坚持很久了，但两年后最终还是选择了离职，尽管我再三挽留，也没能说服她。

人才招不来、留不住，这也是我面临的现实问题。

有朋友为了帮我，从自己的生物科技公司里借调科研人员到我的团队，成本由他们承担。不过事实证明，这样的员工的工作效果并不尽如人意。毕竟有强制分派的意味，员工来的第一个月还好，到了第二个月基本就放飞自我了，到点儿上班，到点儿下班，满脸写着"不相信这件事能做成"。我不要求所有人都能抱着救命的心态来做这件事，但人的心思在不在、打心底认不认同都一目了然。

你不可能要求一个人全力以赴地去做他自己都不相信的事。

其实，早在2020年年初搭建渐愈互助之家大数据平台时，我就遇到过这种情况。当时京东健康派了团队里的精兵强将来支持我，没想到，半年内离职了三个人。那时候我还想不通他们为什么要走，因为我认为这件事既有意义，又有业务前景，职场环境也没问题。好好的，为什么突然就干不下去了呢？

直到后来我才意识到，在他们眼里，这件事完全是另外一副模样——多少家机构尝试过建患者大数据平台都失败了，所以不可能成功；我作为一个渐冻症患者，手都快不能动了，竟然还在折腾创业，不可能做成；哪怕有了患者数据，想推动一个近200

年人类都没有突破的绝症药物研发成功，不可能实现。

总之，就是"不可能，不相信，不值得"。

也有一些被我打动的顶级投资人，曾向我推举了不少CEO人选，因为从病情发展来看，我的身体将日渐衰弱，所以需要一个精明强干的人来打理。但是面对这样的举荐，我只能表达感谢后坦诚拒绝。目前我围绕攻克渐冻症事业创立的几家公司，不论是渐愈互助之家的爱斯康还是投资公司，都还没有收入。不赚钱，只花钱，如果请来的CEO我们给不起相应的薪酬，或者即便来了也不能发挥职业经理人的所长，那都是对资源的错配。

招不到人就意味着我仍然需要参与公司大量基础性工作，陷入大量事务性细碎的沟通中，甚至很多患者加入平台提出的要求就是要和我直接沟通，连助理都不行。

与渐冻症搏击的两年多来，我每天打交道最多的是"药"，为之奔波最多的是"钱"，而永远最缺的还是"时间"。我晚上在办公室工作到11点多，回到住处洗漱，一般要凌晨1点后才能睡下，早上7点多起床，再开始一天紧锣密鼓的行程。

2021年12月底，临近圣诞节，街上已经开始有了节日的气氛。下午5点多拜会完一个科学家后，我又去京郊探望病友。这位大姐发病一年多，目前需要扶着推车缓慢行走，家里只能靠80岁的老母亲照顾她。医生建议她买呼吸机，她想都没想就拒绝了，因为一个月拿到手的工资不到3000元，也办不了低保，根本没有条件考虑上万元一台的呼吸机。

她刚加入渐愈互助之家不久。

"一开始进咱们那个渐冻症微信群,我还有点顾虑。我不想跟别人说我得了这个病,我就觉得……"话没说完,大姐的眼眶已经泛红。

很多病友得病后都会有种莫名的羞耻感,不想被他人另眼相看,尤其是罕见病。如果说常见绝症换来的一般是同情和安慰,那么听到罕见病,他人的第一反应常常是:"这是什么病?你怎么会得这个病?"那份好奇听起来也像是夹杂着不解甚至责备,好像是我们主动选择了这个病。

很多罕见病都源于基因变异。一位科学家曾和我说,没有人的基因是毫无缺陷的,每个人生下来就携带了 7~10 个发生突变的基因,并且在后续几十年里,体内的基因还可能发生变异。这些基因突变有的会表现为病症,有的则不会,随机发生。所以,他认为罕见病患者其实是替所有健康人承担了风险概率。就像我国《疫苗管理法》规定,国家对于接种疫苗有异常反应、受损害的人给予补偿。同理,罕见病患者不但不应该受到歧视和排斥,反而应该得到更多的尊重。

我完全认同他的观点。

我和大姐说:"我们就是要让全社会都知道,我们在跟最难的病做斗争,我们死得光荣……误解是因为不了解,全世界多数人不了解这个病的残酷,所以很少有人投入药物研发。只有让别人都知道,社会才能改变,不然我们死又有什么意义呢?"

大姐的母亲在旁边默默地抹眼泪,这些话对她来说显得过于沉重。我停了停，说："没有人能成为我们的救命稻草，能救我们的只有自己。我们团结在一起，贡献自己的数据，帮助科学家把病因找到，这本身就是在自救。"

"我看到您就看到希望了。"大姐脸上终于有了一丝笑意。

"绝对有希望！我自己也充满希望，我觉得一定能把咱们大家救活！"

7点多回程途中，车堵在高速路上。我头后仰着压在座椅上，浑身没劲儿。在病友面前，我要充满豪情壮志，为他们鼓劲、打气，但对于自己被疾病吞噬的体力却无可奈何。就在2021年的这个冬天，我发现身体状况加速下滑：左手的5根手指都彻底倒下了，左臂已完全抬不起来；右臂抬起已经开始觉得吃力，右手夹菜越来越费劲，操作平板和手机打字时，手指总是控制不住地哆嗦；参加活动时，我的右手不再能从容地把麦克风举到胸前，有一次因为手抖得厉害，不得不由旁边的人举着话筒；胸肌也出现抽筋的现象，这意味着呼吸肌群神经元受到了损害。

几个月前不能自己穿衣服已经觉得很难了，但现在回想起来好怀念，至少那时候还能自己刷牙，而现在只能由夫人帮我刷。我的水杯中开始多了一支玻璃吸管，餐具从筷子变成了钢勺，吃到碗底最后几口的时候，经常需要夫人帮我。

我也不知不觉养成了一种习惯，总是无意中盯着别人的手指——电梯里轻触按钮的手指，同事在电脑键盘上跳跃的手指，路人飞快滑动手机屏幕的手指，纤细的、粗糙的、精致的、被冻得通红的手指，在我眼里它们都是那么灵活、自由，让我心生羡慕。

我仍然每天工作十六七个小时，一分钟恨不得掰成八瓣用。去定期检查时，医生点名批评我："蔡磊，你不能再这么连轴转了，别说是病人，就是健康人在这种工作强度下也扛不住！"

我没法遵医嘱。年终岁末，大家都在辞旧迎新，我却只觉得病程时间又加了一个年头，意味着剩下的日子又少了。我必须更加紧迫地去做事，需要在倒下之前全力奔跑。未来如果右手功能丧失，意味着我会很难出门，我甚至不能自己上厕所，最重要的是，到时候我将没法打字交流，也就是说，没法高效工作了。

一天，我早晨来到办公室的第一件事是开会，运营团队晨会，科研团队晨会；中午与一个老同事会面；下午连线采访，之后约见一位罕见病患者组织的负责人；晚饭后直播介绍近期正在做的临床试验的背景，解答问题；晚上8点30分与美国科学家视频会议……晚上11点半，我瘫倒在床上一动不动，才想起晚上的药忘了吃。夫人看我整个人打蔫儿，紧张地问我哪里不舒服。

"就是累。"

"我给你洗漱，赶紧睡觉。"她边说边要拿走我床头的手机和电脑。我忙叫住她，因为一会儿我还要看刚才视频会议中提到的两篇文献，而且要尽快评估，给出反馈意见。

"都这样了，还看什么看？"

"你别管了。"我开始不耐烦。

"怎么别管了,你告诉我?"夫人又急又气,"蔡磊,你每天这么折腾,就是在自杀,你知道吗?"

"不折腾怎么办?你跟我说怎么办?"我本来就被下滑的体力搞得很沮丧,现在她这么说,我的火也往上蹿。

"你就好好在家休息休息行不行?你做的这些事没有任何意义,就不可能成!"

"不可能成"这句话我听投资人讲过,朋友讲过,病友讲过,员工讲过,但很少从夫人嘴里说出。那一秒钟,我的心里与其说是愤怒,不如说是悲凉。原来大家都不相信,原来那个一次次推巨石上山的西西弗斯在众人眼里不一定是勇士,也可能是个荒诞的小丑。

为了筹钱,奔走这一年多来,我几乎一无所获,投入的资金已过千万元,手里的股票也卖得七七八八,所剩无几,最近又把房子挂了出去。手上推进的几条管线,在进入临床试验阶段后所需要的资金简直难以想象。而另一边,国际上又传来关于渐冻症药物研发失败的消息:著名生物科技公司渤健的一款肌萎缩侧索硬化药物,Ⅲ期试验未达到主要终点——又一块石头滚落山脚。

但又能怎么办?这件事注定艰难,如果渐冻症患者自己都不去努力,那还指望谁?

"别跟我说这些,必须成!没有任何讨论的余地!"我必须拼命地跑,不能停。哪怕在药物出来的黎明之前我倒下了,在"加速自己病情"和"推动药物研发"之间,我也愿意赌一把。

我必须赌一把。

痛苦的决定

吵归吵，第二天起床后夫人还是照常帮我洗脸、刷牙、穿衣服，为我当天的行程做准备。过去早上她只用洗自己的脸，而现在她需要先帮我洗脸，把我拾掇得当了，再拾掇自己。等她洗漱完毕，儿子也该醒了，又去照顾儿子。原来7点起床的她，不知不觉已经把闹钟调成了6点，早上出家门前，她的计步器上已经显示走了2000步。

随着我病情的发展，夫人的生活不可避免地受到了影响。现在她时间转盘上被切下的已经远不止一个锐角，而近乎一半，甚至更多。而且这种占用不只是物理上的，还有精神上的。

她和我一样，从小就被教导要珍惜时间，觉得旅游都是奢侈，大部分精力都扑在工作上。以前，她生活上的事绝不会影响工作一丝一毫，而现在，家里哪怕有岳父岳母帮忙，还专门请了阿姨，大小事也仍然要找她。有一次家里没水了，阿姨知道问我没用，只能打电话给夫人。她不得不中途离开事务所的重要会议，回家处理水的事情。

再比如，某一天周末司机不在，她就成了我的司机加助理，陪我去一个40多公里外的中医馆做理疗。理疗项目是全天的，我在房间里推拿，她就要在门外等一整天。我知道，以她的性子，她根本忍受不了一天什么也不干。财务审计行业是一个实时更新的行业，当你所有的同事、客户、合作伙伴都在周末努力，而你却被琐事缠住原地踏步，你会觉得抓心挠肝。回程时已经是晚上10点多了，路上她和我说，下午她在门外走廊的桌子上看视频学最新的审计政策。

"你都没看到来来往往那些大夫的眼神，简直能把我杀死，他们就觉得你老公都生病了，你怎么都不管啊？你不应该守在床边，时时照顾他吗？"

"不用理他们，我又不需要你端水擦汗的。"

我说的是真心话，因为换作我，一天时间就这么耗过去，我也受不了。以前行动能自理的时候，住院、检查我都是坚持自己去，不让家人陪同，就是认为不需要也没必要多浪费一个人的时间。而现在能有助理陪我的时候，我也尽量不占用夫人的精力。

"还好……你要是也像大夫那么想，可能我马上就崩溃了。"夫人叹了口气。

说实话，我偶尔也抱怨夫人没有立刻放下工作来照顾我，但平静后想想，那就不是我欣赏的她了。

我们这种事业心上的一致，既是幸运，也是不幸。作为丈夫，我全力支持她追求自己的事业，而作为创业者，我也非常希望这样的人才到我的团队里来。她不但北大药学本硕连读，有扎实过硬的专业背景，有医疗行业的从业经验，而且具备超强的学习能力和组织沟通能力，简直是上天为我派来的最佳队友。最重要的是，她作为我夫人，可以代表我对外进行沟通联络。我希望等有一天我倒下了，她还能继承我未竟的事业，继续去战斗。所以，从2022年年初开始，我就劝她放下现有的事业，全职加入"破冰抗冻"的事业中来。

这是个让她很痛苦的决定。

她从医疗行业转行到审计行业，费了多大功夫、花了多少心血，我是知道的。她天生对数字敏感，发自内心地喜欢审计工作，我也比谁都清楚。我生病以来，她就陪着我一起查资料、找办法，白天去会计师事务所上班，晚上回来读医学论文，跟踪国际最新的科学研究动态。我凌晨1点睡，她给我洗漱完才轮到自己，睡得比我还晚，早上6点又要爬起来。为了我后续建立渐冻症基金，她还专门去考了基金从业资格证。

生命在倒计时，我不但没有把更多时间留给她和儿子，反倒是一步步在侵蚀她的时间转盘，现在更干脆，我要把她整个转盘都端过来，一点儿不剩。

夫人为此哭了好多次。她花两三年从行业新手跻身事务所合伙人，刚刚把自己的团队、业务条线基本理顺，一切已步入正轨，有着大好的发展前景，却突然被要求全部放弃，这换谁都难以接受。

起初她还尽量兼顾，全力培养她团队的小伙伴成长起来。不过财务项目的延续性很强，很多业务不是说一个人离开、换个人就立马能接手推进的，她的离开基本就意味着那个条线的终止。"以后作为好朋友，你有什么还可以随时咨询我，但咱们的合作项目就只能停掉了。"她开始陆续和合作方解释自己的业务变动，话语中透着遗憾和不舍，更难掩委屈和无奈。

是我把她丢进了一个两难的境地，但我只能这么做。

像夫人这样因为家人患渐冻症而改变人生道路的例子还有很

多。突然降临的渐冻症改变的不只是患者的命运，而是一整个家庭。绝症面前，家人经受的冲击并不比我们小。

小江是我们三群的一个病友，30 岁出头，2020 年在北医三院确诊。那天她在丈夫的陪伴下从诊室出来，在医院大厅的椅子上哭了半个钟头。她说最难过的不是自己要死了，而是"我妈妈怎么办"。

小江家情况很特殊。她和丈夫小高都是独生子女，双方父母跟他们一起生活，此外还有位 90 岁高龄的奶奶，再加上一个刚满 4 岁的女儿，一大家子 8 口人，四世同堂。然而这个"四世同堂"并不像书本上写的那样充满天伦之乐。小江母亲 17 年前患脑卒中瘫痪卧床，小江从高中时就开始照顾母亲，也正因为这样，高考填报志愿时她选择读医，而且放弃了北京名校，上了本地的大学，毕业后就留在本地的医院工作。五位老人，一个孩子，全靠她和小高两个人支撑着这个摇摇晃晃的大家庭。然而现在两根支柱又断了一根，只剩下小高这个唯一的支撑点。

小高和小江同岁，是个工程师，正值事业上大展拳脚的阶段。妻子确诊后，小高特意叮嘱她不要去查关于这种病的任何信息，怕影响她的精神状态。所有资料、注意事项都是他来查。然而，小高发现自己的状态先出了问题。

半年多来，这个意气风发、精神干练的小伙子都像做梦一样，无法确定这个世界的真实性，每天都想着怎么结束，结束自己，也结束这梦魇一样的生活。他总想着自己如果一觉睡去再也不醒来该多好，如果出门就有一辆车失控冲过来该多好。他也和妻子讨论过安乐死，不过说完就后悔了。妻子发病后第一年并不影响行动，还照常去医院上班，一旦投入工作中，她也就没时间琢磨生病的事了。安乐死，显然是个对她没有助益的话题。

小高只能继续在一种亦真亦幻的混沌中打转。世界的运行机制是怎样的？这种事情为什么会发生在我们家？既然有生，为什么会有死？上天让人来到这个世间，又为什么要安排这么多苦难？不理解，完全不理解，他想寻找答案。

理工科出身的他习惯了逻辑思维，和领导汇报项目，每一步的原因、行动、结果都要捋得清清楚楚、明明白白，那是多年逻辑训练的成果。他也常被朋友们称为"人间清醒"，理性，通透。然而现在他才知道，身处热闹人间，没有谁可以保持真正的清醒；不踩到生死边界，活得都是一场梦。当逻辑、科学都无法解答他的疑惑时，他开始探寻"逻辑"之外的东西。反正关于这个病的治疗，现有资料也没什么可查的，他于是开始从头研究物理学和哲学。

谈不上大彻大悟，但一些哲学思想的确为小高解了惑，让他跳出自我的视角，慢慢"清醒"过来。加入渐愈互助之家病友群后，小高曾联系过我，想要捐一笔钱。他说："反正不到中后期，这个病目前也没什么可花钱的地方，还不如捐给您做研究，哪怕微不足道。"

那是我第一次了解到他们夫妻俩的经历，年纪轻轻在这种打击下还能有这种情怀，让我非常感动。我拒绝了他的捐款，说："这个钱你们留着，以后肯定用得上。随时关注我们的药物进展，相信我，一定有希望！"

再联系是三个月后。那时我们在病友群里招募科研助理，很快就收到了小高的简历，他希望在妻子尚不太需要人照顾的时候，能尽力帮助我们推动药物研发。虽然没有医学相关背景，但他有扎实的英语能力和信息分析能力，所以同事安排他来面试。当时赶上新冠疫情高峰，面试时间也是一波三折，到我们真正见面时已经又过去了一个月。

第一次见到他时，我很惊讶："你从外地来，怎么还带着一辆折叠自行车？"

原来，因为疫情，各种交通方式都被严格限制，最后他实在等不了了，就买了辆自行车准备骑行进京。他查好了地图，设定了三条备选路线，联系好了中途朋友的接应点，他甚至想过如果白天不让通行，就趁夜里骑过来。那时已经入冬，半夜温度低至零下四五摄氏度，坐车都冷，更何况是骑车。

"顾不上了，我觉得就算半路冻死也得来。"

那一刻什么面试问题都不重要了，有这样的动力和决心，还有什么事干不成？

我们团队中，像小高这样病友家属兼职的还有好几位，有个病友自己就是外科医生，之前也自己做科研，主动加入我们做了科研助手。他们没人关心可不可能、相不相信、值不值得，大家只是在争分夺秒地多研究一份报告，多对比一组数据，多看一篇论文。

生活就是我们忙于计划时发生的一场意外，它不像想象的那么美好,也不像想象的那么糟。我和夫人依然吵嘴,我的身体状况也依然在下滑,团队时不时有小伙伴离开,也不断有新人加入。再大的困难和不快,都慢慢成为餐桌上可以平静讨论的话题。

以前听说谁家遭遇了巨大的不幸,我都是带着满满的同情心去,结果发现这些就是人家的日常。现在落到自己身上,真的是这样,就如同远处看起来是一座山,走过去你发现其实也是条路。这路上有海啸过后留下的一片狼藉,而我们还要在狼藉之上继续生活。

就像夫人说的:"灶台不会因为有人生了重病就不用擦,桶装水喝完了还是得换,日子要照常过下去。"

她在家里阳台上种的多肉植物,已经不知道第几次被儿子从盆里连根拔出了。她发了条痛苦的朋友圈,又无奈地一点点把它们栽回去。几天后她兴奋地给我们展示:竟然还活了,都还长得挺好。

"不知道明天会不会又让人砸了,但是好像只要有机会,它们就在抓紧时间生长。"

亲爱的老公，我非常爱你。自从得了病，你就陪伴着我，照顾我，给我鼓励。今生无以为报，愿你长命百岁，幸福，快乐！我现在不行了，满嘴都是泡泡唾液，无论是拍背、吸痰，还是掏都没用，吃药也没用，昨晚一晚上泡沫痰憋得多次晕过去，我知道你已经尽力了，我活不了几天了。

你今天把以前我穿的网鞋找出来，刷一下，给我找一件衣服和裤子，我不想穿着睡衣走，我也不用去医院，去了也没用，让我安详地走吧。我走后把我的骨灰撒入大江，家里的钱给儿子50万，剩下的你养老，我的社保还有4万左右，两年后记得去要。

——一位病友给爱人发的信息，《渐冻人生》，
凤凰卫视《冷暖人生》，2022年1月

第七章

重新定义希望

"活着本身就有意义。"

战友

2021年冬的一天晚上，快11点了，手机和门铃同时响起。是程叔打来的，一位病友的父亲，他们就住在我隔壁小区。程叔有浓重的南方口音，平时说话都是慢慢地尽量让别人听懂，但那天电话一接通，他像开了三倍速，快得有点语无伦次。"蔡总，你快去劝劝我儿子！"夫人忙去开门，一看果然是他在门口，外套扣子都没系，一双眼睛通红。

夫人把他让进屋，但他就迈进来一小步，冲我喊："蔡总，你快去我家，我儿子不行了！"

他儿子小程才39岁，年轻有为，一年前在打球的时候，突然腿一软倒了下去。刚住进北京301医院的时候还能慢慢地走，三周后出院时已经不得不坐轮椅了，病情发展得极快，仅仅五六个月的时间，上下肢就都基本丧失了运动功能，完全不能动弹。到现在发病十几个月，他已经瘫痪在床，需要一直依靠无创呼吸机维持。

两天前去看他明明还很稳定，怎么会突然危重了？

夫人快速给我穿上羽绒服，我鞋都没换，口罩也顾不上戴，就跟程叔往外走，边走边听他说事情的来龙去脉。

从那天下午开始，小程的血氧饱和度就一直往下掉，数次跌到百分之六七十。健康人的血氧饱和度在 95%~100%，低于 70% 就会有生命危险。小程的情况明显说明他的呼吸衰竭加重，无创呼吸机已经不能维持他所需要的氧气量，这时候必须立刻采取气切，不然随时可能窒息而死。

问题是，小程死活不同意气切。

气切就是在喉咙上开一个口，直接插入管子，通过呼吸机来辅助通气。这意味着患者将不能吃饭、不能说话，24 小时依靠呼吸机，人彻底丧失了行动自由。渐冻症患者群体的共识是，气切基本就等于最后一步了，所以撑着能不切就不切。喉部插上管子，成了什么都做不了的"废人"，对心高气傲的小程而言，简直比杀了他还难受。

这场病对小程可以说是毁灭性的打击。原来意气风发的他，患病后每天醒来就两眼发直地盯着天花板，公司、家里的事不闻不问。尤其是病情发展得如此之快，从商界精英一下子变成失去自理能力的人，他心理上完全不能接受，深深陷入抑郁情绪中。他此前一直表示，绝对不气切，如果到这一步就让他直接死掉。

小程爱人做事也是雷厉风行，跟小程一起打拼多年，大家都叫她刘姐。从发病之初，刘姐就积极地带着爱人寻医问药，在北京安排住处、找护工、找治疗方案，都是她一手操办。她自然不惜一切代价地要救小程，但也正是因为她太了解丈夫了，不忍心看他这么痛苦，所以如果他坚持不气切，她表示尊重他的选择。

程叔不接受儿子这样死去。"蔡总，小程现在就只听你的话了，你一定要劝他赶紧气切！"

我第一次见小程的时候，他坐着轮椅，说话还很清楚。小程夫妇在网上看到我的新闻后，加入了我们病友群，并且联系到我。我们年纪相仿，又都是做企业的，经历相似，所以很聊得来。他对我推动药物研发的努力很认可，一直对我信任有加，所以在北京的临时住处也专门选在了我家附近，以便随时联系。程叔大半夜跑过来找我，60多岁的老人急得眼睛通红，也一定是逼到没招儿了。

夜里路上没什么人，我们一路小跑，几分钟就到了他家。走进去，小程的房间里没什么动静，每个人都手足无措、惊魂未定，空气里仿佛还弥漫着刚才众人绝望的哀求声和哭喊声。刘姐在床头一直盯着呼吸机屏幕上的数字不敢动，护工和另一位阿姨贴在门边，惶惑不安，不知道能做点儿什么。

"小程你干什么？必须气切！不要耽误时间！"我冲到床边，几乎是在对他低吼。呼吸面罩下的小程微睁着眼，听到我的声音后眼皮似乎想努力抬起，但最多也就一秒钟又掉了下去。

"你是单基因型的，最有希望！你相信我！"

"蔡总，"小程发出含混不清的声音，"……让我死了吧……气切就不能说话了……"他还没说完就开始大口地喘气。我知道那句被淹没的话是:"不能说话了还有什么尊严?"

"先保住命!活着就能等到药!你不气切就什么都没了!"

小程疲惫地闭上了眼睛,气喘急促,喉咙里的痰液因为和气流摩擦发出隆隆的闷响。那是最危险的信号。渐冻症患者后期普遍会呼吸肌受累,胸壁肌肉力量下降,导致痰液咳不出来。如果不能及时排痰,让痰越积越多,人随时可能窒息而死。但吸痰需要摘下呼吸面罩,眼下小程的血氧饱和度这么低,摘下呼吸面罩没法保证不发生意外。这样耗着,他可能撑不过今晚。

"药已经在研发了!你不能送死,赶紧去医院!再不听话,直接拉你去,由不得你!"看着血氧机上的数字还在不停地往下掉,我的声音已经控制不住地在打战。虽然"死亡"是生病以来我们最不陌生的字眼,病友群里几乎每天都有人去世,但当你真的离它如此之近,眼睁睁地看着一个好兄弟就在你面前要放弃自己,你还是不能接受。我感觉有一只手紧紧攥住了我的心脏,明明周围都是空气,我却无法呼吸。

看到我哭了,小程明显安静了三秒钟。他知道我得病以来没为自己哭过,而今天竟然哭着请他不要放弃生命,估计也愣住了。他说:"蔡总,我听你的……"

程叔和刘姐一边胡乱地抹着眼泪,一边招呼护工马上收拾去医院。

这样兵荒马乱的夜晚,几乎每个患者家庭都会经历,但不是每个人都能有选择的机会。有些病友本来病情很平稳,甚至还能正常走路,也还没上呼吸机,但一口痰卡住喘不上来气,来不及抢救就去世了，前后不到一两个小时。

在渐冻症后期，患者的呼吸系统脆弱不堪，一口痰、一个小感冒对我们来说都有可能致命，更别说专门攻击上呼吸道的新冠病毒了。2022年年底，疫情管控放开后的那一个多礼拜，我们有上百位病友去世，其中不乏许多病情本来并不重的中期病友。后来我无数次地反思，尽管反复提醒大家不要轻视呼吸和吞咽问题，不要抱任何侥幸心理，但大部分病友还是不够重视气切。真到了那一刻，就什么都晚了。

那天半夜，刘姐发来信息："蔡总，幸亏您让小程来医院，到医院才发现他已经肺部感染了，医生说再晚个一两天就会有生命危险。现在我们正在ICU（重症监护室）紧急处理肺炎并监控病情，感谢您又救了他一命！"

她说的"又"指的是我正在推动一条针对SOD1单基因的药物管线。渐冻症不到10%是基因致病的，其他都是散发的。小程正好属于那"不到10%"，而且就是最典型的SOD1基因突变致病型。从原理上讲，只要将突变的基因沉默或修改，渐冻症的症状就会有所缓解，甚至完全恢复。目前我在跟进的数条药物管线中，有一条就是这个方向。

推动这款药物虽然不能救我自己，但有希望治好包括小程在内的一小部分病友。

能救一个是一个。

还有一个小伙子小杨，也是渐冻症单基因患者，才32岁。发病后仅仅一年半就已经四肢瘫痪，说话困难，24小时离不开呼吸机。有一天我收到他的信息："蔡总，现在能跟您通个视频吗？非常着急。"

接通了视频，他的声音含糊不清，充满了焦灼："蔡总，我现在人在欧洲，后天就要执行安乐死了。但是我不甘心，我想活下来。"

我吓了一跳。几个月前，小杨曾告诉我说他要去欧洲，我以为他是去旅游放松心情，原来他一直在策划安乐死。年迈的父母在国内悲痛欲绝，但是谁都拦不住他。

我告诉他："你一定要回来！你这么年轻，还有美好的前程，还有孝敬父母、为他们养老送终的责任！"

"但是我怕我身体等不了了。到底是多长时间？如果是三五年，我等不了，每一天对我来说都是煎熬。"

"我和科学家一直在加快沟通和推进，正在全力以赴用最快的时间把药用到我们病人的身上。你是 FUS 单基因型的，很有希望。赶紧回国，好好活下去！"

我迅速地给他讲了关于 FUS 基因异常型渐冻症的药物研发进展，而且国际上已有 FUS 型病友的病情得到控制的案例。

"蔡总，我听你的，我回国。"

类似的故事还有好多。不少病友因为相信努力和拼搏可以带来奇迹而放弃选择死亡，但同时，也有很多人无法坚持下来。有人为了不拖累家人而绝食，也有数位病友被家人放弃。曾有一位病友，三四天联系不上，后来重新出现在群里，她发信息说，家人把她的眼控仪拔了，没有眼控仪她就无法跟别人交流，当时病友们群情激奋。没过几天,她的家人在群里开始售卖二手呼吸机了。

那是大家心照不宣的信号,这意味着她已经死亡。

希望,失望,绝望,希望——渐冻人的生活,基本都是在两"望"中颠簸、翻滚和折返。马丁·路德·金说,我们必须接受有限的失望,但是千万不可失去无限的希望。所以,我经常会出现在病友群里,鼓励大家或是汇报药物研发的最新进展,想给大家更多的希望。就像有位病友说的:"'希望'不是说这个药必须出来、一定有效,而是你看到有人在推动这件事情,它在发展,它不是静止的,这个就是希望。"

这位病友 46 岁,患病三年,现在只有左手大拇指还可以动。她中年离异,原来是 70 多岁的母亲照顾她,现在母亲的身体状况也不足以照顾她了,上个月不得不将她送进了养老院。她和我说,原来靠在厨房给人切菜,一个月挣 3000 元,患病之后失去了这份工作,彻底没了收入。她没有钱做治疗,只能喝一些便宜的、疗效不明确的药剂,聊以慰藉。每天没有什么事情可以做,她就躺在床上用那根大拇指刷手机,刷得最多的是我们病友群,这里仿佛是她绝望生活里唯一的一点变量。她清楚即使有突破,自己也没有钱治疗,但还是想要看到一些好事情发生,"有一点点盼头"。

很多病友把最后的希望押在了我身上。群里经常有人对我说:"蔡总加油!""蔡总,你是我们的救星!"也有人会回复这些病友:"他(指蔡磊)也是病人,不要给他那么大压力。"

的确，面对一句句"加油"，我压力巨大。有时候病友们一边催促药物，一边行动上又消极不配合，也会让我焦躁甚至生气。一些病友始终不愿意填数据，他们认为"我现在四肢都不能动了，上传这些数据有什么用"。我在群里为此还发了一段很严肃的话：

> 有些病友只会问"药什么时候出来"。但其实，让药出来很艰难，一个项目能启动，从调研、搭建各种各样的资源和平台，到处联络科学家、药物专家，写业务计划书、谈融资……无数细节，我和团队每次都是干到半夜。我希望我们病友主动搭把手，不要一味地抱怨和不满，好像这些科学家和社会各界的机构都欠我们的，就应该为我们玩命研发，这没有道理。关键是我们要为自己做点儿什么。如果我们自己都不积极、不配合、不推一把，我们只会被拯救得更慢。

不配合，并不是让我最难过的。曾有病友截图给我，有人在其他患者群里发信息："蔡磊就是个大骗子，他骗你们的数据去卖钱！大家都上当了！"后边数条更是直接破口大骂，不堪入目，下面还有好几个人附和。

这已经不是我第一次受到非议了，我和团队多次在其他机构和个人发起的渐冻症患者群里遭到围攻，被踢出群。他们私下告诉病友："蔡磊所谓的'药物研发'都是骗人的，根本不可能有药!"

除了这些,污蔑诋毁的事情也时有发生。他们这么做也不难理解。绝大部分患者认可我们倡导的患者互助团结的理念,尤其认同我和团队为群体四处奔走、不计回报的行为,有了他们的认可和信任,我们才形成了世界上最大的渐冻症科研数据平台和患者群体链接。在此基础上,我们完全可以实现从医药研发的公益事业,到患者服务、药械销售的完美商业闭环。但这恰恰让一些人产生了担忧和抵触,认为这挡了他们的财路,影响他们的生意。

如果说到赚钱,我们爱斯康医疗科技公司和渐愈互助之家平台,链接超万名患者,的确很容易赚钱。这也是之前诸多投资人纷纷要为我推荐 CEO 的原因。他们觉得用户群是现成的,产品是现成的,只要经营一些患者必需的器械、药品、工具,立刻就能赢利。他们说得没错,但我都一一拒绝了。病友都是基于信任加入我们的,在这里获取的关于治疗、护理、用药等方面的一切信息,都应该是客观真实的。而一旦走商业路径,整个平台的公信力必然会受影响。

我不是不要挣钱,何况我现在还天天为了钱四处奔走,但我现在不要挣这个钱。2022 年,为了筹钱支持"破冰"事业,我选择做直播电商,销售的都是大众商品,大部分都是生活必需品,比如米面粮油、日用百货等,尽量不涉及任何医疗药械的相关产品。

对我义愤填膺的还有各种"大师",准确地说是"大师"们的弟子（因为"大师"是不能轻易抛头露面的）。群里常会看见这样的消息："患者找姓蔡的是没有希望的，他说会为患者尽一切努力，他真的尽力了吗？那么多人用事实告诉他中医能治，他都无动于衷。命要掌握在自己手里，不要寄托于他人，大家一定要找个好中医。"

"命要掌握在自己手里"，这句话我很认同，否则我也不会拖着每况愈下的身体开启最后一次创业。中医的治疗之路，我从来没停止过尝试。几年来，我持续努力地去探索中医等传统医学，2022年下半年又携手国家中医药管理局、北京市中医管理局、首都医科大学、首都医科大学中医药学院、京东健康、北京爱薇欧公益基金会等机构，搭建了"渐冻症中医研究与会诊中心"，一起持续关注和研究渐冻症，并通过数万人真实的治疗实践和数据，去调研传统医学在渐冻症治疗方面的有效性。

"大师"们的弟子"义愤填膺"的也许只是我没有去尝试和支持他们家，因为紧接着他们有人就在群里发了一个机构名字，以及一些似是而非的"患者"视频，说这些都是被治好的案例，让大家一定要去找他们救命。

很多病友为我抱不平，去跟他们吵。我感谢病友们的支持，也提醒大家，不要在无谓的人身上浪费时间，我们还有太多的事情要做。

时间不够用，这是我每天最强烈的感受。和我同期住院的北医三院病友大都已经全身瘫痪了。有一次我给老朱发微信，让他去推拿一下，他回："去不了啦，瘫在床上啦。"声音已经含糊不清。我的手机里有 20 多个病友群，每个群 500 人，每天都有病友逝世的消息。有时候，死讯来自家属们安静而简单的一句传达："我母亲今天早上去了。""我爱人去世了。"有时候，死讯来自一些更无声的举动，家属直接退了群，或者，群里出现了二手呼吸机或是二手轮椅转售的信息。

大部分渐冻症患者会在 5 年之内抵达生命的尽头。生命的尽头，却不一定是痛苦的尽头。

二群里的小陈是较早加入我们病友群的病友家属，他一直积极照顾患渐冻症的妈妈。2021 年 4 月，他发了条信息："我妈妈去世了。"他妈妈也是 SOD1 基因型，我很心痛她没能等到新药。然而更让我心痛的是，两个月后，我又收到了小陈的消息。

"蔡总，我自己也确诊了。"

"确诊什么？"

"渐冻症。"

他对渐冻症的症状太熟悉了，所以当腿部出现肉跳时，他第一时间去做了检查。

我心里几乎哀号了一声。这世上的事常常让人怀疑老天的居心，小陈才 28 岁，大学毕业时妈妈发病，现在妈妈刚走就又轮到自己。20 多岁，青春年华，不该承受这双倍的苦难。

我有时候觉得这世界荒唐无稽，有时候又不得不强迫自己不去想这些悲观的现实。老天的剧本谁能猜得到呢？喜剧的，悲剧的，魔幻的，现实的。我能做的唯有打起精神，继续去对接更多的药厂和科学家，在绝境中寻找一线渺茫的希望。

撞破门，砸开墙

"什么是希望？"媒体采访中，我多次被问到这个问题。我也与一位渐冻症患者交流过，他说："彩虹有时会被狂风暴雨遮蔽，这时，我们可以点亮一盏灯，把光明照进暴风雨中，编织我们自己的彩虹。这就是希望。"

说这话的是一位特殊的病友——英国机器人科学家彼得·斯科特-摩根（Peter Scott-Morgan）。

2022年1月，我曾和他进行过一次视频对话。那时他身上接着4根管子，全身上下只有眼睛和面部的几块肌肉能动，但却可以和我进行顺畅的语音交流。这一切都依赖于一套类似"阿凡达"的机械和技术，他就相当于这个"阿凡达"的一个外挂大脑——眼动追踪设备和人工智能软件把想法转化为文字，又合成语音讲述出来；同时，屏幕上有一个彼得的虚拟化身，它会根据彼得讲的内容，做出唇形变化、节奏停顿和摇头晃脑等动作，非常科幻。

这种"半人半机械"的状态也有它自己的名字——赛博格（Cyborg）。

那次交流，给我印象最深的是彼得的乐观。他对自己赛博格人的状态非常享受，他用的一个词是"having fun"（玩得很开心）。

他说自己不能讲话，也许是前几十年讲的话太多了。他是伦敦帝国理工学院博士，在机器人科学领域颇有建树，曾出版过8本相关图书，在全球开展了1000多场演讲。2017年，59岁的他被确诊为渐冻症,医生告诉他只能活两年。彼得同样是个不认命的人,他决定用自己最擅长的科学技术来与人类的生理极限赛跑。

也许在彼得眼里,瘫痪和疾病不过就是一个工程学问题,就像一台机器坏了几个零件。既然渐冻症会让人说话、运动、呼吸等功能退化,那么就把这些功能统统交给机器。

彼得的病情发展很快,确诊后不到一年,他就已经无法进食和排泄了。于是 2018 年 7 月,他进行了"三重造口手术",即分别在自己的胃部、结肠、膀胱接入了三根管子,解决进食和排泄问题,减少对他人的依赖,尽可能保证了自己体面的生活。手术进行了 3 个小时 40 分钟,他活了下来。不同于我们被禁锢在各种管子后的沮丧,术后的彼得一直兴奋地向周围的人展示自己全新的器官。我看过一部他的纪录片,那时的他躺在病床上,像一个刚收到新玩具的小男孩:"看,这是我的进食管,这是我的一号排泄管,这是二号排泄管……现在我可以活下来了!这可太棒了!"

然而,随着渐冻症继续侵蚀他的喉部肌肉,他的声音开始变得虚弱、喑哑、断断续续。有一次在睡觉时,唾液卡在喉咙里,差点让他窒息而死。大部分渐冻症患者都是死于吞咽或呼吸困难,所以通常会做气切,但是气切后仍然不能阻止肺部感染,一丁点儿食物残渣,甚至一口唾沫进入肺部,都可能会导致肺炎。只有将气管与食管彻底分离,才能避免肺部进一步受损,这就需要摘掉整个喉体。2019 年 10 月,彼得进行了全喉切除术。手术后,他在社交媒体上宣布:"彼得 1.0"终结,"彼得 2.0"正式上线!

按照确诊时医生的预测，那个月恰好应当是他死亡的时间。

2.0 的彼得彻底丧失了说话功能，不过他在全喉切除术前就与音频制作公司合作，录制了自己的声音，这样，他通过眼动追踪设备和人工智能软件输出的内容，就能以他自己的声音转换出来。

渐冻症最残酷的，就是让人在清醒的状态下被锁死在这副"冰冻"的躯壳里。而彼得似乎丝毫没有抗拒。我问他是怎么适应这种身体上的改变的。

他的回答很有意思。

"我以为被困在身体里会令人沮丧，但实际上，我通常是坐在那里享受别人对我的关照，就像一个慵懒的皇帝。"他说，他就想象自己在一家豪华水疗酒店，那里的经理坚持让他把脚抬起来，全身哪儿都不要用劲。这就是他"享受"瘫痪的秘诀。

无论是在视频对话中，还是在他的著作《彼得2.0》中，彼得时时传递出一种积极乐观的态度，让人敬佩。他不囿于任何条条框框、敢于突破陈规、创造全新可能性的勇气，我深深赞同。

科技和医疗是与病魔抗争的利剑。彼得选择从科技的路径拥抱渐冻症，设法提升患病后的生活质量，而我则从科研的角度反抗，努力去干掉这个病。就像他说的，"如果所有门都被关上了，那就想办法穿过墙"，而对我来说，如果所有门关上了，我就撞破这扇门，砸开这堵墙。

这也是彼得好奇的地方。他问我："面对这个世界第一绝症，大多数人会感到绝望，只有极少数人会与疾病抗争，渴望绝处逢生，但几乎没有人像您这样，想要去做一些可能改变世界的事情。您的决心和勇气从何而来呢？"

以前也有人问过我这个问题，我都回答是"源于一种使命感"。我切身了解了这个病的残酷和无情，也遇到了善良有爱的病友，我觉得自己有责任为这个群体做一些力所能及的事情，哪怕是一系列反常规的操作。后来我想了想，其实除了责任感的驱动，我敢去挑战这个病、挑战别人眼中的"不可能"，敢于打破规则，和我在互联网10年的从业经历分不开。

将挑战不可能刻进DNA

"咱们公司每年光打发票，一年成本就要上亿元，能不能把它们都变成电子发票？"

2012年，我刚加入京东几个月，就接到了公司的任务。

电子商务兴起以来，发票一直是商家很头疼的问题。京东一个北京仓库就有二三百人在手工打发票，然后分拣发票、确认发票，再分装到包裹里，最后快递出去。如果错了，还要红字冲销，效率低不说，还容易产生很多隐性成本。单独邮寄发票，邮寄费也是一笔不小的开销，要是邮寄途中丢失，又会产生一系列的麻烦。公司曾计算过纸制发票的成本，按照一年5亿个订单计算，每单都要打发票，纸质发票的使用成本就超过1亿元。随着业务量的增长，这个成本还在膨胀。

我的第一反应是：电子发票这事不可能。

在我的认知里,我们从业者能做的就是在国家现有的法律法规下,把工作做到尽善尽美。如果国家推出某项新事物、新制度,我们可以努力当个"早鸟",积极响应。但在法律层面上,什么是电子发票、其标准规范是什么都没有清晰的界定,相关机构、部委也没有配套的系统。作为一个企业,我们怎么可能突破现有框架,去变革国家层面的管理体制、法律法规呢?

但是互联网的基因就是相信没有不可能,相信任何之前做不到的事情、别人认为不可能的事情都可以通过技术创新去实现、去创造。刘总一直就是这个理念的践行者,敢想敢干,他常说的一句话就是:"别管事情有多难,都大胆去做。我们就是靠把不可能变成可能,才一步步走到今天的。"

既然这样,我硬着头皮也要上。

2012年年中,国家发改委发出通知,相关城市可提出建设电子商务示范城市的申请,试点城市可提出推广电子发票的要求。获得国家发改委批准开展电子发票试点的城市有5个,分别是重庆、南京、杭州、深圳、青岛,却没有北京,而这5个城市当时都不是京东商城主要业务所在地。

从2012年下半年,我和团队就开始联系相关政府机构。第一个找到的自然是国家税务总局,这也是我们平时打交道最多的部门。然而总局反馈,电子发票的试点名额已经分配给了5个试点城市,目前你们想推试点只能从北京市的层面去试一试。

我和同事找到了北京市国家税务局(以下简称"北京市国税局")的相关部门,提出京东发展电子发票的诉求。2011年,京东年销售收入刚过 200 亿元,远没有如今的规模和影响力。但相关部门和领导对我们表示大力支持,并花了相当多时间与我们探讨:法规怎么拟,流程如何设计,企业的电子发票系统要如何搭建,如何与北京市国税局系统对接。每一个专业的标准、规范、方案都要逐个斟酌拟定,而且涉及多个部门的协同和协调,比如北京市国税局、北京市地方税务局、北京市商务委员会、北京市工商行政管理局……[①]

那段时间,我像魔怔了一样,逢人便说:"如果京东有机会向政府部门提出请求,请一定要说电子发票!"

在多方的共同推动和支持下,国家税务总局于 2013 年 2 月 25 日公布了《网络发票管理办法》,规范网络发票的开具和使用,给了我们政策层面的依据和保障。紧接着 5 月初,经北京市政府批准,国家税务总局、北京市商务委员会、北京市国税局启动了此次电子发票项目,并选取京东作为项目的试点单位。

政策支持只是第一步,后面还有更多挑战,比如发票管理、方案设计、发票法规、风险控制等。对这些税务财务知识,我们财务团队可以攻克,但电子发票毕竟是一个创新的东西,这就要求京东搭建一个新系统,一个能与北京市国税局的发票系统进行

[①] 2018 年 6 月,北京市国家税务局、北京市地方税务局正式合并,组建为国家税务总局北京市税务局;2018 年 11 月,北京市机构改革中将北京市商务委员会更名为北京市商务局,北京市工商行政管理局与其他相关机构进行重组和职能整合,组建为北京市市场监督管理局。有关京东发展电子发票的这段时间,尚处于北京市机构改革之前,所以为了表达准确,文中还继续使用当时这些机构的名称。——编者注

对接的新系统。

当时，另外一家大型零售公司也在推动电子发票，他们已经开发了9个多月的时间，投入巨大，并定在2013年9月1日上线电子发票。此外，当年7月1日还有一家知名的传统家电制造商的电子发票也计划上线。于是，2013年5月，我在公司内部发起成立了电子发票虚拟项目小组，并经过与北京市国税局等相关政府部门多方商定，一咬牙，将京东电子发票上线时间定在了6月27日。

虚拟项目小组是京东内部很常见的项目组织方式。为了某项业务或某个创新项目，我们会把相关部门的人召集到一个组一块儿办公，整个团队在一定的时间内只做这个项目，从而解决跨部门信息沟通和协调问题。项目结束后，小组成员再回到各自的部门。这样灵活的项目组织形式，正是京东始终保持创新的秘密武器。

电子发票虚拟项目小组聚集了财务部、政府事务部、信息部、媒体公关部等部门的同事，该项目也得到了刘总的认可，他在电子发票落地的过程中，给予了我们最大限度的支持。

留给我们的时间窗口并不多，想要成为先行者，率先合法合规地开出电子发票，意味着我们必须在一个多月的时间内完成电子发票的系统搭建。这时候就需要依靠项目组的重要主角——信息部。信息部虽然各项目工作已经排得满满当当的，但从大局出发，他们仍然安排了专门团队支持电子发票项目的技术和系统开发，并连续加班加点。

当时，信息部同事质疑："多大的事啊，搞得我们天天通宵！"我协同过其他虚拟小组，所以非常理解大家的困境：每个人的时间和精力都是有限的，怎么能因为你牵头这件事，就让别人把手头的事放下，干虚拟小组的事？

我不得不反复和项目组的每一位成员解释，这不是一张发票的事，它可以为公司节省上亿元的成本。此外，每个包裹发出前将省去纸质发票的打印、分发、验证、装订、退票等诸多烦琐流程，公司的运营效率也将大幅提升。而且发票是京东做正品行货的有力证明，和一切假货说"不"，涉及京东核心理念。所以电子发票对公司乃至全行业都有重要的战略意义。

那一个多月里，我已记不清熬了多少个大夜，印象里都是跟团队同事夜以继日地奋战。税控加密防伪、电子签章、二维码、大数据存储及利用、发票赋码等关键技术都需要逐一攻克。项目进度表不是以周为单位，不是以天为单位，而是以小时，每一分每一秒都无比宝贵。在上线前的最后冲刺阶段，我连续几天没合眼，整个人又疲惫又亢奋。

终于来到2013年6月27日，我们的电子发票计划上线的日子。当天，北京市国税局、北京市地方税务局、北京市商务委员会、北京市工商行政管理局同步发布《关于电子发票应用试点若干事项的公告》。公告称，自2013年6月27日起，在北京市开展电子发票应用试点。

当天下午，时任北京市副市长程红、国家税务总局征管和科技发展司副司长杨培峰、商务部电子商务和信息化司副巡视员聂林海、北京市国税局局长吴新联、北京市商务委员会主任卢彦等领导莅临京东集团总部，见证这一激动人心的时刻。我们提前安排京东同事以消费者的身份在京东商城下单了两本《中国梦》，总金额41.4元。提交订单后，在收货信息"支付及配送方式"的发票信息一栏里，在原有的"普通发票"和"增值税发票"之外多出了一个"电子发票"的选项。选中这一项，提交订单，完成后的订单中就多了一项"电子发票下载"。打开这个链接，出现的就是一张PDF格式、编号为00000001的电子发票。

中国内地第一张电子发票。

看着同事点开链接的那一刻，我感觉不太真实。一年前我还认定不可能的事情，现在就真真切切地呈现在眼前，而我竟然有幸成为其推动者。我切实体会到，"把不可能变为可能"这句话并非冠冕堂皇的口号，而是一种扎扎实实的方法论和价值观。现在企业界纷纷学习埃隆·马斯克推崇的"第一性原理"，如果用通俗的说法就是，判断一件事要不要去做、怎么做，不要限定在已有的框架下，而是抛开一切所谓的"可行性评估"，你只需要判断这件事该不该做、值不值得做，如果答案是肯定的，那么去做就行了，哪怕看似不可能。

现在电子发票已经变得稀松平常，在线购物、网约车出行、收寄快递，只要在手机或电脑上点击几下，几秒钟之内就能收到电子发票。而在纸质发票寄来寄去的时代，这种便捷简直不可想象。就算是电子发票开出来之后，也没人敢想它可以一步步打通所有障碍，迅速覆盖高速公路、地铁通行、水电民生、手机通信、电商商超、金融保险、酒店餐饮等全行业。随后，京东相继见证了中国第一张对公可报销的电子发票、第一次电子发票自动报销入账、第一家区块链增值税专用发票、第一个增值税发票系统升级版电子发票……一个又一个"第一"，无不是从无到有、从不可能到可能的最佳例证。

除此以外，我和团队还开出了第一张电商平台电子营业执照，促进多个领域电子合同、电子印章全生态服务建设，推动了统一的电子印章标准。

这些经历让我树立起"挑战不可能"的信心。过去10多年里，这个信心几乎刻进了我的DNA，成为一种本能。也正是这种本能，让我在面对渐冻症这个"不可能完成的任务"时，没有被那些"不可能"所干扰。

当医生告诉我医院之间的患者数据不可能打通，我就用最原始的方法，一个人一个人联络，搭建起了全球最大的渐冻症患者大数据平台。

当无数失败案例告诉我渐冻症药物研发根本是天方夜谭时，我就把关注点放在了穷尽全世界近几十年的最新的科学突破上，去探寻与渐冻症治疗相结合的一切线索与机会。

当所有人都说药物从基础研究到应用于患者身上起码要10年以上时，我努力把资金、实验室、药企、医院、患者都链接起来，将10年缩短为1年，甚至三个月。

当科学家纷纷表示，渐冻症并非自己的研究领域，我就多次拜会，从不放弃任何一个可能合作的机会。

不止一位科学家后来告诉我:"蔡磊,要不是你,我不会研究渐冻症。"中科院戴建武教授就是其中一位。第一次见面时,他就坦言自己已经调查过渐冻症药物研发的情况,坦言"这个太难了"。

戴建武教授是中国科学院遗传与发育生物学研究所研究员、再生医学研究中心主任、脊髓再生领域的专家。一个医疗领域上市公司CEO向我推荐了戴教授,我看了他的介绍和文章后非常振奋。他带领团队最早开展了陈旧性脊髓损伤的研究,而且到现在为止也是唯一的。他推翻了神经细胞不可再生的论断,引发全球轰动,而且他的研究没有局限在实验室里,而是通过成立生物科技公司,携手医院,把新技术、新的治疗手段切实用到了脊髓损伤的病患身上。2014年,他的药物就上了临床试验,经过长达7年多的随访,100多位患者证明了药物的安全有效性。不少脑卒中、脊髓损伤的患者在他的技术治疗下,重新站立了起来。

渐冻症就是脑组织和脊髓组织发生了病变,脊髓再生这个治疗方向应该有希望。在我的极力鼓动下,戴教授同意合作,我们一起探索脊髓再生技术在渐冻症治疗方面的可能性。

包括小程等病友在等待的那款SOD1渐冻症药物,其研发者李龙承博士起初的研究领域也不在渐冻症方向。李博士是"RNA激活"领域的开创者与奠基人,有着10多年的临床经验和20多年的基础研究经验。他的公司主要聚焦于单基因罕见遗传病。看到我的报道之后,李博士联系到我,提出用"RNA激活"疗法治疗 SOD1 渐冻症的思路。所以我们安排在我的动物实验基地进行了动物实验研究,数据非常棒,我特意飞到上海去拜会他。

一年多来,经过各环节创新性的突破,2023 年春天,这款新药将计划上临床,这也意味着 SOD1 单基因渐冻症患者将有可能看到生的希望。

另一款马上也要上临床的药,是针对 FUS 单基因渐冻症的药物,也就是我劝小杨回国时跟他说的在加速推进的那个药。其实它的研究者之一、清华大学医学院教授贾怡昌此前并不做药物研发。贾怡昌教授师从中科院院士王以政,后来又加入了美国小鼠遗传圣地杰克逊研究所,利用小鼠遗传学研究神经退行性疾病的发病机制。2021 年年底,他和团队创立了神济昌华(北京)生物科技有限公司,并完成了千万级种子轮融资,旨在通过基因治疗技术聚焦渐冻症等神经退行性疾病。在整个过程中,我们持续保持沟通和交流,我还担任了他们的科学顾问。

虽然每一条管线的尝试都充满了未知,但这世上多一个科学家研究渐冻症,渐冻症患者就多一分希望。

一位资深的神经系统科学家说:"蔡磊把渐冻症药物研发的时间向前推动了至少 10 年。"

有人问我,想没想过药物研发不成功怎么办。其实做这件事之初我就知道它大概率会失败,起码对救我的命来说大概率会失败,但眼前只有这一条路,不要问,走便是了。

尼采说,当一个人不知道他的路会把他引向何方的时候,他已经攀登得比任何时候都更高了。就像彼得,他不但比医生判定的时间多活了三年，而且通过赛博格的大胆改造，重新定义了人类，重新划定了生与死的边界。他已经攀登得比任何时候都更高了。

遗憾的是，就在我们对话 5 个月后，2022 年 6 月 15 日，彼得还是离开了这个世界。

而我，还要继续攀登。

第七章 重新定义希望

庄胜春（记者）：您刚才说的那个希望，百分之几？千分之几？亿分之几？

蔡磊：在我心中，这个希望是万分之一和百分之一甚至十分之一，都是一样的，我都会付出百分之百的努力，也没有考虑过这个希望的大小。

庄胜春：只要有这个"一"就可以。

蔡磊：没有这个"一"，也要去创造"一"。我就是这么想的。

——《蔡磊：逆"冻"而生》，

央视新闻《相对论》，2022年6月21日

4
孙悟空

第八章

打光最后一颗子弹

"如果没人做,那么我来做。"

把自己捐出去

2021年秋天，陈功教授的 NeuExcell Therapeutics 公司完成了上千万美元的 Pre-A 轮融资，原位神经再生技术治疗渐冻症的动物实验终于可以着手启动了。

我的融资努力从来没有停止过，但 200 多场路演失败和无数次与投资人沟通无果，让我开始重新思考这条路的可行性。起初我的想法是自己做一只风险投资基金，筹集资金后，我作为资金管理人，把钱投到相应的药物研发项目上。但如前所说，我的病情发展无法准确预期导致投资基金的高度不确定，以及渐冻症药物研发自身的高风险性，都指向一点：这个思路跑不通。

我开始考虑换一种方式，即不再以自己的名义进行资金募集，而是以自己的专业性、影响力和资源，为诸多愿意参与这一方向研究的科研团队和机构提供支持、合作、赞助与协调，为他们找钱。也就是说，我的角色从项目发起人变成资源协调人。

比如 2021 年，高瓴资本、高山资本等大型投资机构都比较关注 iPSC（诱导多能干细胞），有意投资该方向，我跟他们数次沟通，其中霍德生物等 iPSC 公司的科研实力和实战能力都很强，我多次向投资者推荐。2021 年年底，霍德生物完成 B 轮融资数亿元，由高瓴创投领投，礼来亚洲基金及老股东元生创投跟投。

霍德生物 CEO 范靖是北京大学生命科学院理学学士、加拿大不列颠哥伦比亚大学（UBC）神经学博士，后来又在美国约翰斯·霍普金斯大学细胞工程所道森（Dawson）实验室进行博士后研究，研究神经退行性疾病和脑卒中的机制及靶点 10 余年。2017 年，她回国创立了霍德生物，致力于开发 iPS 细胞，旨在用健康的功能细胞移植替代神经损伤和退行性疾病中死掉的神经细胞。这也是目前国内外热门的研发方向。

2021 年年初我们结识时，她主要研究将 iPS 细胞疗法用于治疗帕金森病和脑卒中，并且成果显著，相关药物已经在着手进行中美新药临床研究申报（IND），即将进入临床试验。了解我的情况之后，范靖博士一直非常上心，积极帮渐冻症患者制定了 iPS 细胞疗法的治疗方案，并且把霍德生物渐冻症药物的管线提前。在病理、药理的基础研究，药物研发的路径和治疗方案，以及推动临床前试验等方面，我和团队也尽力为其提供了有价值的专业支持。

希望越来越大。但不可否认，两年多来，病情的持续恶化让我即将丧失工作能力，资金也在持续消耗。

在生病之前，钱之于我只是一个数字，起码保证生活衣食无忧没有问题。但现在，钱却成了摆在我面前的头号难题。面对药物研发领域，自己实在是太穷了。从 2020 年开始投入上千万元的资金到数据平台、运营管理、基础科研、动物实验、药物研发、投资基金和慈善基金等，到现在为止几乎没有一分钱的收入。目前支持业务的团队成员已经多达几十人，每年投入巨大。

公司账上的资金也就还能支撑我们几个月。

子弹快打光了。

我在想，我还能做点什么？

随着这两年和科学家的不断交流，我逐渐意识到一个问题，虽然患者大数据平台对于药物研发非常有用，但要想推进基础研究，光有大数据模型是不够的，还需要真人的病理样本。到目前为止，关于渐冻症的重大发现几乎都是在渐冻症患者遗体的标本上发现和验证的。最重要的研究对象就是患者脑组织和脊髓组织的科研样本。有一个院士科学家团队，正渴望研究这些渐冻症样本。他们甚至说，只要给 100 例渐冻症样本，他们就可能在病理和病因方面有重大发现。

所以，我还有最后一颗"子弹"，就是自己的身体。

其实遗体捐献这个想法我从生病之初就有。早在 2020 年，有一位病友大姐就和我说："蔡总，你能不能联系北医三院，拿我的身体去解剖，去研究这个病？"起初我以为她是开玩笑，并没有当真，然而她隔三岔五地就会问我，于是我们深聊了一次。我问："你为什么想要捐出身体？"

大姐说："我快 70 岁了。我有幸福的家庭，有孝顺的子女，还有可爱的孙子，此生没有什么遗憾了。看到你们才 40 来岁得这个病，我觉得上天对你们不公平，所以我想能不能把我的身体捐给医学家，让他们解剖我，找到病因，就能把大家更快救活了。"

我深受震动。作为一种神经退行性疾病，渐冻症所需的研究样本是人的脑组织和脊髓组织，这是无法在患者生前或在活体上进行研究的，科研人员只能通过患者捐献的脑组织和脊髓组织作为科研样本来进行研究。然而在这方面，中国仍未起步，此前国内还没有一例渐冻症脑组织和脊髓组织的样本。

我知道大姐不是开玩笑，犹豫再三后，我把她的意愿转达给了樊东升医生。樊医生也非常感动。渐冻症至今病因不明，而病理研究对促进医学界对这个病的了解和攻克至关重要。

然而，后来才知道捐献的流程很难打通。神经科医生在渐冻症方面是专家，但取脑组织和脊髓组织则需要病理学家来操作，整件事少不了多方的协调和配合。不过，即便知道困难重重，这两年多来随着我对这个病的了解越来越深入，捐献身体的想法也越来越清晰。没有样本就没法研究，既然之前没有人推动这件事，那么现在我来推动。

2022 年年初，我找到了中国器官移植发展基金会赵洪涛理事长，表达了自己的心愿。我说："我的身体一直在往下滑，所以想跟你商量，如果我去世了，我想把自己的脑组织和脊髓组织捐献出来，推进渐冻症患者脑组织和脊髓组织捐献工作。我知道中国这方面的案例非常少，所以我就想着我来牵头做这个事……但一个人捐对病理研究是没有意义的，我希望号召更多的渐冻症患者共同捐献，最后努力给医学发展解密渐冻症带来一些帮助。"

医学科研需要的是大数据，只有一两个样本远远不够。所以光我一个人捐还不行，我必须发动足够多的病友在去世后捐献出自己的脑组织和脊髓组织，形成足够大的样本量，才有可能给整个渐冻症领域的研究带来质的变化。

听我说完，赵理事长非常感动。他说："我做这个工作这么多年，太清楚做出这个决定需要多大的决心和勇气。感谢你和其他渐冻症患者的大爱之举，我们当然全力支持！"

我接着说："这个事情的法律、法规、流程我完全不了解，涉及哪些相关部门，我也不知道，所以也恳请您给予指导。"

随着社会文明伦理的提升，捐献遗体、器官的新闻现在已经不是什么新的话题，但渐冻症患者的脑组织和脊髓组织标本的提取却是一件极为特殊且困难的事情，对于提取标本的时间、完整性和技术都有极高的要求。由于脑的特殊性，最好在捐献者去世后6小时内、最长不超过24小时拿到大脑标本，才能确保脑组织得到高质量的保存效果，从而达到研究的需求。这不是一般医院可以做的，据说国内顶尖医院也只有病理科的个别大夫能熟练完成这种提取操作。

中国器官移植发展基金会一直致力于器官捐献的工作，推动了整个体系在中国的建设，但脑组织和脊髓组织的捐献，之前他们也没有涉足过。但赵理事长很坚定地表示："蔡磊，你这个事情本身就很伟大，也是我们一直在倡导推动的，我们一定全力以赴！"

赵理事长迅速联系了国家健康和疾病人脑组织资源库（简称"脑库"）发起人、中国科学院院士段树民。

段树民院士是我国脑科学研究领域的著名专家，2012年他牵头建立了浙江大学医学院中国人脑库。此前，因为国内没有一个规范化运行的人脑组织库，中国科学家要研究完整的人脑组织，往往需要向国外的脑库申请，而跨国运送生物样本的法规限制、高昂的费用和复杂的运输都是必须面对的问题，最重要的是对各种脑疾病的发病机制而言，我们中国人和外国人的大脑组织是否一致，到现在依然有很多未解之谜。

那时候在段院士等专家的支持和带领下，中国人脑库一步步发展，于2019年入选科技部国家科技资源共享服务平台，并被命名为国家健康和疾病人脑组织资源库，这是中国第一所标准化收集、储存各种神经、精神疾病患者和正常人所捐献的死亡后的大脑，以及他们的病史资料（匿名）的机构，可为全国的神经科学研究人员提供人脑组织样本。

"脑库"经过10年左右的建设，成立了中国人脑组织库协作联盟，目前已经有19个规范化建设的人脑组织库，共收集了400多例样本，主要涵盖常见神经、精神疾病以及无脑部疾病的对照全脑样本，而罕见病的标本却一例都没有。

听了我的汇报，段院士说："蔡磊，你这是史无前例的壮举！在世界上也是绝无仅有的。你可能会改写中国脑库的发展历史。"

他第一时间牵头拉了一个大微信群,群里包括现有 19 个"脑库"的负责人、几十家医院和科研机构的负责人,以及十几位神经内科专家。从那时起,我们这个群里定期开会讨论渐冻症患者脑组织和脊髓组织捐献的事。

要做成这件事,首先要有一定数量的渐冻症患者愿意做出捐献。其实从 2022 年年初确定了要做这件事时,我就开始和病友聊。先是一对一地单独沟通,尤其是和每一位病友见面的时候,我都会直接问:"如果那一天到了,你愿不愿意捐献出自己的身体?"

这个问题对患者及其家属来说是无情的,甚至可以说有违人道。没有人想面对死亡,不但患者自身很难接受死亡这件事,患者家属更难以接受。去世后遗体还需要被解剖、被提取或者是作为样本被参观,很多人心理上很难过这一关。别说捐献身体了,我记得小时候还见过因为不让土葬而引发的冲突事件,传统观念让我们对身体的完整性看得非常重要。其实这件事我也考虑了很久,但目前研究样本在中国几乎没有,总需要有人迈出第一步。

因为平时有了信任基础,很多病友都很爽快地就答应了,并表示积极支持。有位北京的病友当即表示:"蔡总,不光我自己捐,我让全家人都捐!"这让我特别感动。也有些人表示要再考虑一下。这种犹豫,有时候是因为暂时不想面对。一位患者的丈夫说:"我想让妻子保持好心情,现在还不想考虑这件事。"我对他说:"同意捐献并不会导致我们死亡,而是会增加我们生的希望。"

单独沟通了几周之后,我在覆盖上万名的病友群里正式发布了这条倡议,呼吁大家捐出自己的身体,为渐冻症的攻克做最后的贡献。我发起了捐献意向接龙，蔡磊第一个，马上有病友接龙第二个、第三个。第一个月大家报名很积极，很快积累了四五百人，之后报名速度逐渐放缓，到 5 月份的时候，数字停在了 700 上下，很多天没有再增加。

在这个过程中，我一直没有停止挨个去跟病友做思想工作，动之以情，晓之以理。我也在直播里不停地宣讲捐献的意义。虽然直言死亡非常痛苦，但再痛苦也要跟大家说。快 200 年了，渐冻症的病因、病理都还没弄清楚，我们怎么办？唯有自救。只有通过建立一定数量的渐冻症患者脑组织和脊髓组织样本库，才有可能找到破解渐冻症的方法。

"如果在 10 年前、20 年前，就有大量患者做遗体以及脑组织和脊髓组织捐献的事情，可能我们今天就不会死掉。同样，尽管我们现在很绝望，但可以通过这个举动给下一代病人带来希望，这个世界才能越来越好。"

当然，也有人强烈质疑我的动机，在病友群里指名大骂："蔡磊就是为了诈骗病友的遗体！"

我又气又想笑。这个"诈骗"的成本有点高，因为在操作过程中我们才知道，脑组织和脊髓组织捐献这件事推进起来到底有多难。

最初的晨曦，最后的晚霞

2022 年 7 月 11 日下午，我的助理小马收到一条消息："我丈夫去世了，我们想捐献，该怎么做？"

这是一位黑龙江病友的家属。病友才 40 多岁，发病三年。渐冻症患者去世往往是因为呼吸衰竭，或者一口痰堵住而窒息，短短几分钟内人就没了，连叫救护车都来不及。而因为捐献脑组织和脊髓组织对于时间要求非常高，家属没有时间整理心情，即使之前做过决定，在亲人突然走的那一刻还是非常艰难。而这位女士在巨大的悲痛下还能遵照丈夫的捐献意愿，第一时间联系到我们，这种决心让人动容。

接到消息后，小马来不及询问家属更多，马上翻找联系人。即使再难过，我们也需要赶紧行动，这样逝者的脑组织和脊髓组织才有希望被完整地保留下来。

有条件接收遗体、进行解剖并获取脑组织和脊髓组织的机构，主要是高校，特别是中国人脑组织库协作联盟规范化建设的 19 个"脑库"，它们分布在北京、上海、杭州等 12 个城市的医科大学。按照一般的捐献取样本的流程，患者去世后需立刻被送到当地的"脑库"，由专业人员解剖、取样，并妥善保存，然后交给"脑库"留存，以供后续其他研究者使用。

而这位患者所在的黑龙江省还没有建立"脑库"。小马联系到了有解剖和取样能力的哈尔滨医科大学，恳请他们接收遗体并取样。

对方老师问："你们是逝者家属吗？"

"我们不是家属……"

"这件事我们只能跟家属谈。"

事后这位老师和我们解释说，如果非家属对接解剖事宜，恐怕会引起纠纷。好在当时中国器官移植发展基金会赵洪涛理事长得到消息后，及时帮我们协调、沟通，对方才消除了误会。当天晚上，我们得到消息，逝者捐献的脑组织和脊髓组织取样完成，遗体也一并捐给了医学院校，成为"大体老师"（解剖医生对遗体捐献者的尊称）。

很久以后小马跟我说，第一例捐献完成，她几乎一宿都没睡着，说不清楚是什么心情。忙乱的联络沟通之后是焦急的等待，等石头终于落地了，既谈不上欣喜也谈不上悲伤，整个人是蒙的。"就觉得很震撼。不能说，一说就想哭。"

后来我们又一次次经历了这样的震撼时刻。

一位山西太原患者的捐献过程可谓惊心动魄。山西也没有"脑库"，当患者家属联系到我们时，中国解剖学会副理事长、国家发育和功能人脑组织资源库负责人马超教授，积极联系山西医科大学的一位老师，请求他们接收并获取脑组织和脊髓组织。

然而这位老师同意还只是第一步，当时患者家属遇到的首要难题是：联系不到运送遗体的车辆。

遗体的转运和接收，在绝大多数省市都面临很大的挑战。病人去世后，必须在 24 小时内，最好在 6 小时内取出脑组织，否则脑组织会自溶，失去科研价值。多数地方的情况是，医院的 120 救护车不运送患者的遗体，殡仪馆的车只能将遗体拉到殡仪馆，不可以直接运送到其他目的地，很多高校的车辆又不具备运输遗体的资质。而家属在病人刚去世的时候正承受着巨大的悲伤，总不能让他们背着亲人的遗体下楼，自己开车或打个出租车送过去，那样实在太过残忍。

就这样，同在一个城市，距离不过十几公里，遗体就是没办法被运送过去。

时间在一点点流逝。我们和中国器官移植发展基金会、"脑库"的老师都在拼命地找任何有可能的机构。

后来，中国器官移植发展基金会几经周转联系到了太原的人体器官获取组织（OPO）协调员，对方同意出车去运送遗体。就这样，山西医科大学的老师终于在逝者去世6小时内完成了脑组织和脊髓组织的取样，没有辜负病友的一片心意。

遗体运输，是我们病友在捐献过程中遇到的普遍难题。有遗体运输资质的机构和车辆本来就少，但更难的是，在多地的规定里，即便是有资质的车辆也只允许在市内通行，不可以跨市，更不能跨省运送。像山西这位病友，如果不是在太原，而是在山西的其他城市，人体器官获取组织的车辆恐怕就无能为力。

每个省、市的相关规定都不同，机构组织的政策也不一样，所以每一次捐献我们几乎都要把当地的流程从头跑一遍，协调多方机构和人员。在这个过程中，又会遇到各种各样的突发状况。

有的患者离世后想要等外地的家属赶来见最后一面，这样就错过了捐献的时间。也有的病友只想捐献脑组织和脊髓组织，之后还希望将遗体送去入殓。对于这种情况，除了北京、浙江等少数省份有相对成熟的流程，绝大多数地区都没有解决办法，于是病友只能放弃捐献。还有的地方，患者在家中去世后，家属需要到派出所等机关单位开具死亡证明，造成时间上的不可控。

和家属的沟通和疏导，联系运送车辆，协调样本获取机构和有取样能力的人员，落实其中发生的各项费用，应对各种突发状况……这些都是我们需要逐一解决的问题。

对于遗体捐献，大多数情况是我和团队在病友生前与其本人及其家属进行沟通而达成的意愿。然而，一旦病人去世，家属在悲痛中是否会尊重逝者的遗愿也是一个未知数。有时候病人去世，家属也就和我们团队失联了。

在整个捐献过程中，患者家属的支持和配合至关重要。他们要在自己亲人刚刚去世甚至是弥留之际，就和我们团队成员围绕"如何运送"等问题进行商讨、想办法。在患者去世后，亲属们与其共处的时间只有短短几个小时。在这极短的时间里，极度悲伤的家属需要用自己的理性压制住情感，与我们讨论各种常人难以想象的细节。其中哪怕有一点动摇或不配合，都难以完成捐献。

截至2023年1月，遗体捐献已完成9例，成功保存脑组织和脊髓组织8例。

每次有病友捐献成功，我心里都五味杂陈。平时我们听到别人捐献遗体的义举，都会觉得感动、敬佩，但大概也仅限于此。然而对我来说不一样，这件事是我亲自发起、推动的，我是真正的"始作俑者"。此前我一直在和病友说，我们一起为这个病做贡献，甚至有时候会显得很冷酷："这事必须做，不做我们就没有希望，我们必须捐。"结果这些病友先走了，先做了贡献，而我还活着。

这些愿意捐献遗体的病友都是英雄，就像国家发育和功能人脑组织资源库简介中的那句话："最初的诞生，和最后的死亡一样，都是人生的必然；最初的晨曦，和最后的晚霞一样，都会光照人间。"

旅途

"在我去世之后，将把脑组织和脊髓组织无偿捐献给医学研究使用。既然全世界都无法攻克渐冻症，没有特效药，也找不到病因，我就豁出去，打光自己的最后一颗'子弹'，为下一代病友带来更大的救治希望。"

2022年9月5日，在渐冻斗士的"最后一颗子弹"媒体见面会上，我做了发言。现场来了多位脑科学家、相关专家、公益事业的同人以及媒体朋友。

这也是我们和中国器官移植发展基金会、中国人脑组织库协作联盟筹备已久的一次媒体见面会。我们联合发起"中国渐冻人脑组织库计划"，帮助渐冻症患者完成逝后捐献的最后愿望，并将建设全国第一个大样本病理性脑组织库。

上一个夏天，无论是参加活动还是和科学家、投资人见面，我都还可以自己跑，但是现在我的两条胳膊都已经无法抬起，需要夫人帮我摘口罩、拿话筒。

我在会上继续说："我们知道渐冻症到目前为止依然是病因不明、靶点不清，毫无显著有效的治疗方法。所以我们就想，能不能为找到病因做出我们的贡献。据我所知，此前中国还没有一个人脑组织库是专门研究渐冻症患者的，所以我们计划建立的应该是首个专门研究渐冻症患者脑和脊髓的人脑组织库。

"中国的人口优势决定了我们拥有最大的罕见病患者群体，这也意味着中国的罕见病医疗将有可能弯道超车，率先实现重大突破。所以在这个过程中，我们希望能把自己的科研样本捐献出来，为科学研究做出我们的贡献。我也希望能吸引全球的科学家都来中国研究渐冻症，这样对下一代病友来说，希望就完全不一样了。"

要建立这样的样本库，需要多方合作和努力：要有渐冻症患者愿意捐献遗体，中国人脑组织库协作联盟在患者去世后获取和保存他们的脑组织与脊髓组织，中国器官移植发展基金会则负责支持和完善捐献流程。

我们和中国器官移植发展基金会联合开发了一个"中国渐冻人脑组织捐献志愿登记库"，病友可以通过这个系统一键登记。这个系统与渐愈互助之家患者大数据平台、中国红十字会人体器官捐献管理中心都是打通的，患者登记了志愿，一旦发起捐献，相关组织和人员可以立即获取其个人病例信息，包括360度全生命周期的记录信息，与科学研究无缝对接。

媒体见面会活动现场制作了一面由捐献者照片组成的照片墙。我站在照片墙前百感交集。这些病友，不少我都一对一沟通过、交流过。当向他们征集照片时，每个人都不约而同地选择了笑的照片，那是大家最想展示给这个世界的一面。每张笑脸背后，都是一段悲喜交加的人生故事，也是一份与渐冻症抗争的请战书。其实照片墙上的捐献者只是一小部分。经过5个多月的积累，已经有1000余名渐冻症患者及其家属签署了遗体和脑脊髓器官组织捐献志愿书，其中就包括"人民英雄"国家荣誉称号获得者、湖北省卫生健康委员会副主任、武汉市金银潭医院前院长张定宇。

就在媒体见面会的前几天，即8月29日，我去武汉拜会了张定宇主任。作为渐冻症病友，我们已经认识了很长时间，但由于疫情一直没见面。他身份特殊，又担任卫健委的工作，非常忙，我不想去打扰他。但他听说我在呼吁所有渐冻症患者为科研做贡献，捐出自己的身体做科研样本之后，马上就给我打电话："蔡磊，这个事我一定支持！"第二天他就签署了捐献遗体的志愿书，这让我非常感动。我俩当时就约了一定要见面，好好聊一聊。

张主任从门外进来的时候走得很慢，每迈出一步，脚都需要先向外画一条弧线，再甩回来。我知道那是肌张力高的缘故。当腿部肌肉萎缩后，人每走一步不但要抵抗地心引力，费力地把脚抬起来，而且要抵抗高张的肌肉，用力把肌肉抻开，才能迈出一步。这种步态，只有病友才能体会到其中的费力和心酸。

我俩一见面，先不约而同地拥抱了一下。准确地说，是他张开双臂箍住了我，我的胳膊已经无法抬起来了。隔空交流了这么久，第一次见面，感慨万千。他用手捏了捏我的肩膀，说："三角肌已经没有了。"然后转过头有点像自言自语，"好兄弟，真是不容易。"

张主任比我提前一年确诊渐冻症，从腿部开始发病。2018年，医生告诉他，幸运的话，10年；不好的话，也就5年。

"起初我也是非常绝望，都不是一般的绝望。我常常想，为什么这样的事情会落在我的头上。我和爱人躺在床上，面对面地掉眼泪，虽然话语交流不多，但相互都是绝望。"回想起4年前的情景，张主任说起来已经云淡风轻。

"后来就渐渐想开了。我们仅仅是比别人提前看到了人生终点，知道终点在什么地方。为什么不趁着有限的时间，多做一点自己喜欢的事呢。"

他也的确这样做了。当时还没有新冠疫情，他只是朴素地想要抓紧时间把医院发展得更好，加速推进临床研究，大力培养队伍，对医院、对自己都有一个交代。在他和团队的努力下，武汉市金银潭医院获得了重大新药创制国家科技重大专项，这是非常不容易的。

也正是这些准备和积累，为后来金银潭医院在面临严峻的疫情形势时的出色表现打下了基础。2020年，在病毒尚未明确时，张主任就带领大家率先采集了患者的支气管肺泡灌洗液，并送去检测。也正是这次检测，科学家团队才得以确认这是一种新型冠状病毒。这不仅为抗疫提供了病原学方向，还为临床救治与疫苗研发争取了时间。

那时，还是张院长的他步履蹒跚地穿梭在各个科室、病房。他每个夜晚都睡不踏实，往往凌晨2点刚躺下，4点就被电话叫醒,有一次更是工作了48小时没合眼。他就这样拖着"渐冻"之躯,始终坚守在抗疫一线,也因此被授予"人民英雄"的国家荣誉称号。

张主任还有个特点是性子急。"性子急,是因为我的时间不多了。我以为我退休前肯定得坐轮椅了,居然现在我还可以走路,都是额外挣来的。"

身为医生,张定宇主任从死神手里抢回无数条生命,但面对自己的生命,他却只能眼睁睁地看着它一点一点流逝,丝毫没有办法。

就在我们见面前的两三个月,他刚摔了一跤。"把右侧的肋骨都摔断了,烦死了。"他既生气又无奈。渐冻症患者最怕摔跤,因为四肢的支撑力都变弱了,倒地的那一刻几乎没有缓冲,非常危险。因为腿部没劲儿,走20步脚就会擦地,地上稍微有个地垫等都容易绊倒他。现在他说自己走路都会很小心地扶着什么,避免摔跤。

我已进入渐冻症发病的第四个年头,深有同感。身体机能的恶化让我的日常生活变得越来越困难。如今我已经完全离不开人的照顾,摸不了手机,上不了厕所,喝不了水,虽然右手还有一点力量,但也仅限于按鼠标,其他动作几乎都无法完成。有一天晚上起夜,重新躺回床上,手没劲儿拽被子,又不忍心叫醒夫人,寻思着夏天温度高不碍事,结果一觉醒来冻得直打哆嗦。

但我还能走路,说话还算清楚,又常常让我觉得这是老天额外的赏赐,所以越发觉得要"抢时间",要在倒下前多做事情,能尽量多完成一件事就多完成一件。哪怕能把药物研发往前推动一年，早一年有药，就能救一年的患者，早两年有药，就能救两年的患者。即使我自己不在其列，但不管怎样，这个事情我都要去做。

"你的精神确实让我非常感动。你做的事情不是为自己，也不是为这一批病人，可能是为之后更多的病人，让他们在不幸坠入深渊时多了一分被拯救的机会。哪怕你作为一个医学'门外汉'，也义无反顾地冲进去。你给我感觉像什么呢？飞蛾扑火，明知不可为，还拼命地往里面扑。"张主任说。

"很多人不相信做这件事的意义，包括遗体捐献，说我是瞎折腾。"我苦笑道，"这个病如果没人做基础研究，就只能一直扔在那儿。中国有人口优势，也有病人优势，如果中国都不去做，那指望谁去做呢？"

"身后捐献这个事当然是非常有意义的。"张主任带着赞赏说道。

我向他解释，之前之所以没有跟他说，是担心他的身份特殊，做什么决定也许都不方便。他立刻笃定地说："没有，这是我自己的事情，肯定我要自己做主。"

凤凰网的《旅途》节目全程记录了这次会面。视频播出后，很多网友留言："谈笑之间，说的竟然是身后事。""能把这些事淡定地讲出来，需要多大的勇气。"我这才反应过来，的确，见面的时候我和张主任基本在笑，完全没有两位绝症患者的沉重，而且我们的确讨论了半天关于扩大捐献、怎么建网点、捐献的时间要求等事情，两个人都像是在说别人的事情。

其实见面过程中我也多次颇受触动。张主任说我的努力让他非常感动，我回应道："是您先感动了全中国，感动了全世界。"

"那是我的工作，我真的不觉得什么。"

只要还活着，只要自己还能动，就想做点事情。就像张主任说的，我们仅仅是比别人提前看到了人生终点而已。哪怕那个终点就在不远处，我也仍愿追寻比生命更长久的事物。其实在 2019 年 11 月开始行动去做最后一次创业的时候，我就知道自己所有的努力最后大概率都是徒劳，但即便如此，我也要行动到底，打光最后一颗"子弹"。

虽然我这个故事的结局不一定圆满，但相信未来别人的故事一定会圆满。

临别前合影，我俩都要求站着，能站着拍照对我们来说已经是被额外赐予的福利了，要倍加珍惜。道别的时候，我们又拥抱了一次，他轻轻拍了拍我那已经塌陷的肩膀。

"您保重，希望明年见到您还是这样。"我说。

"都要努力。"

面对绝症病人谈器官捐献，不是一件容易的事。段树民告诉第一财经记者："这是第一次由患者群体本身主动发起的一项针对罕见病的大规模脑捐献，创造了历史。"

……

自上世纪（20世纪）80年代起，美欧等发达国家陆续建立了人脑库，完善了大脑捐献程序及相应法规和政策，建立了脑库协作工作网络，统一伦理学和脑库工作标准、互享资源，为脑科学研究者提供人脑组织样本。中国人脑库建设起步较晚，2012年之前尚无真正意义上的人脑组织库。

复旦大学基础医学院解剖与组织胚胎学系主任、2021年科技创新2030脑科学与类脑研究重大项目"华东地区人脑库协作网络平台建设"课题负责人李文生向第一财经记者介绍称，去年的脑科学重大专项专门建立了国家脑库的建设项目，主要任务就是收集人脑和脊髓，提供样本，以更加精准地进行科学研究，并推动临床诊断和治疗。

从事数十年渐冻症患者志愿者工作的许全生告诉第一财经记者，上海渐冻症患者群也对这项脑捐赠计划反响热烈，已有一些患者表达了捐赠的意愿。

——《渐冻症患者的遗愿清单：加入脑捐献"千人计划"》，

第一财经，2022年9月8日

第九章

倒下之前的 N 件事

"纵使不敌,也绝不屈服。"

"骑自行车上月球"

"伦理审查通过了！"孟颂东教授给我发来消息。

孟教授是中科院微生物研究所研究员。其实在2021年就有人向我介绍了孟教授，但当时团队同事去接触后，认为孟教授研究的是免疫系统疾病，和我们的方向不吻合，于是没有推进。

直到2022年4月，机缘巧合，当我有机会向孟教授当面讨教时，才发现他做的免疫系统方向与渐冻症的治疗高度相关。当时孟教授团队正在做胎盘GP96[①]注射液，这原本是一款治疗癌症和免疫系统疾病的创新药，但通过机理研究后发现，该药物在治疗渐冻症方面也具有潜力。我立刻邀请他来一起做渐冻症的药物研发，他很爽快地答应了。

[①] 简单来说，GP96是一种蛋白质，属于热休克蛋白家族，而这个蛋白家族具有天然结合各种抗原的特性。——编者注

就这样，仅仅一个多月，到6月的时候，热休克蛋白GP96注射液治疗渐冻症的临床研究就获得了海南博鳌恒大国际医院伦理委员会的批准。7月12日，该临床研究启动会召开。

下一步的重点，就是招募患者。

药物研发过程中的临床招募是非常苛刻的，对于罕见病药物更是如此。在罕见病患者中，多数人不符合入组标准，符合标准的又不一定愿意入组。再加上患者人数少、地域分布不集中，对罕见病的临床试验来说，受试者招募向来是个难题。因此有些临床试验仅是招募就要花一年多甚至数年的时间，部分项目甚至因为招募失败而最终被迫放弃。

这时候就是患者大数据平台发挥作用的时候了。到2022年，我们平台已经触达上万名病友，有着近万名患者的详细数据。而且因为我们收集的是以患者为中心的360度全生命周期的科研数据，所以可以帮助药企精准地找到适用患者，以小时为单位进行精准招募，效率可以达到传统临床试验招募速度的10倍以上。那次，我们在发布了这款药的临床试验受试者招募信息后，仅仅两个小时，后台就有700多名患者报名。

我们团队携手医院专家组，在报名人员中进行筛选。9月6日，数十位患者在热休克蛋白GP96注射液治疗肌萎缩侧索硬化首批临床研究中进行了第一次治疗。这个药的安全性已经在之前的研究里被验证过，但一般情况下，这个药想要获批至少要等到10年后。我们将平均10年以上的药品上市时间，缩短到在3个月内开始临床试验治疗，将药用到了患者身上，一切都源于这两三年来的积累。

在基础研究上，我不会等待药企去做，而是自己做研发，看到任何可能的线索都扑上去。药企一般会聚焦在自己的药物研发管线上，并不会欢迎其他的管线，但我会平行去做。

在动物实验上，我投资的动物实验基地也是低成本、高效率，可以说是最快的。

在临床招募上，通过渐愈互助之家患者大数据平台三年的积累，我可以直接根据平台上的数据筛选，迅速锁定符合入组标准的患者。而且他们都在我的微信群里，我可以直接联系到患者本人。所以传统临床试验招募患者需要一两年，而我只需要两个小时。

互联网绝不只是一柄利器，更是一套决策的底层逻辑。新药研发向来有"双十定律"的说法，即一款新药平均需要 10 年才能开发完成，需要投入的资金达到 10 亿美元。这只是一种粗略的概念，真实的数字远比"双十定律"更残酷。如果按部就班走原有的新药研发流程，败局毫无悬念，10 年对渐冻症患者来说过于缓慢，根本等不起。即使药品顺利研发出来，绝大多数病友，包括我，应该都已经不在了。我想要打破旧有的游戏规则，把资金、实验室、药企、患者和医院都链接起来，尽最大可能缩短时间。

当然，临床上也随时有可能宣布失败。我很清楚药物研发这件事的风险与失败的概率。到 2023 年年初，我推动和追踪了 70 多条研发管线，明确失败的已经有 30 余条，还有 30 余条在研，其中约 10 条已在或即将进入临床试验阶段。

而我还在不停地探索新的药物方向，也得到了很多意想不到的支持。

一次，我和北京化工大学生命科学与技术学院秦蒙副教授聊天，她在美国加州大学洛杉矶分校戴卫格芬医学院做博士后，主要研究方向就是面向中枢神经疾病的仿生药物载体构建及应用。

"我的老师是卢云峰教授。"

"谁？就是那个研究纳米技术的卢云峰教授吗？"

"对啊，您怎么知道？"秦教授很吃惊。

卢云峰教授是纳米领域的科学家，主要从事物理、化学专业的材料催化和电化学方面的研究工作。2005 年，年仅 37 岁的他就被授予"美国总统奖"，后来又获得了"杰出青年科学家奖"。目前，他在纳米领域的研究项目已居世界领先水平，被称为"纳米巨人"。

很早我就读过一篇文章，美国加州大学洛杉矶分校教授卢云峰及其团队 2019 年研发出了新型纳米胶囊，它可穿越血脑屏障，实现高效的中枢神经系统药物投递。当时我正在研究神经营养因子，我就想，如果营养因子能通过这种新型纳米胶囊送入体内，穿越血脑屏障，那对治疗渐冻症可能会有很大的希望。

我努力了很长时间，一直没有找到联系通路，没想到竟然碰到了卢教授的学生。秦老师迅速把卢教授介绍给了我。

卢云峰教授非常热情。他了解了我的经历后很感动，说："蔡总，你做的事儿太有意义了！我在美国这么多年，也想回国做点新的事情。这个基础研究我做了深入的分析，我觉得应该可行。下个月我就回国，咱们就一起干这件事！"

2022年5月末的一天下午，卢教授刚到北京后就约我见面。他比我大10岁，但看上去却像一个大男孩，T恤短裤，带着自来卷的中长发，衬托着他那硬朗的面部轮廓，看上去潇洒又随性。见面之前，我刚从协和医院输液出来，胳膊上还贴着敷针眼的三个棉球。他一见到我就说："气色很好！"他的豪爽感染力十足。

我们本来约在一个咖啡厅，但当时由于疫情，所有店铺都不开门，我俩就边走边聊。后来卢教授买了几罐啤酒，我俩干脆坐在马路牙子上喝起了啤酒，越聊越嗨。马路牙子上聊着拯救50万渐冻人生命的事业，这种人生体验应该难以复制了。后来，我们迅速开展了临床前试验。几个月后，这个项目就获得了投资，现正在加速转化。

不得不说，媒体对我的报道和宣传，为我联系科学家、打开更多的通路起到了不小的作用。自从2021年4月关于我的报道发出之后，尤其是中央电视台、人民网、新华网、中国网、凤凰卫视、凤凰网、腾讯网等各大主流媒体的文章和视频报道，多位科学家、企业家、药企负责人主动找到我，想要为我们提供帮助和支持，让我非常感动。

袁钧瑛院士就是其中一位。

袁钧瑛是分子生物学家，美国艺术与科学院院士，美国国家科学院院士，哈佛大学医学院细胞生物学系终身教授，中国科学院生物与化学交叉研究中心主任。1977年恢复高考，19岁的她以上海高考第一名的成绩考入复旦大学生物系，后来她又从两万多精英中脱颖而出，成为国家公派留学生，进入哈佛大学医学院深造，1989年获得哈佛大学神经科学博士学位。读博期间，她师从2002年诺贝尔生理学或医学奖获得者罗伯特·霍维茨教授，在霍维茨获得诺贝尔奖的过程中做出了重要贡献。

袁院士主要从事细胞死亡机制的研究，是世界上第一个细胞死亡基因的发现者，细胞死亡领域的重要开创人之一，是国际学术界公认的权威。

早前我就希望能向袁院士请教，但一直未能联系上。袁院士团队的研究员告诉我，教授生活非常简单，一门心思地扑在科研工作上，一般没有时间见企业家。直到2022年，她看了我的报道后很受触动，要借来北京开会的机会约我见面。可惜后来因为疫情没能成行，于是一个月后，我去上海拜访她。

袁院士一直关注渐冻症，她说："30多年前我去哈佛大学上的第一堂课，我的导师将一个坐在轮椅上的渐冻症患者推到讲台上，让我一辈子都忘不了。"

她导师的父亲就是因为渐冻症去世的，所以导师一直希望能将细胞凋亡的研究成果应用在这个病的救治上。这在很大程度上影响了袁钧瑛教授，她也从来没有放弃过这方面的探索。2005年，她和团队发现了一种非凋亡性细胞程序性死亡，在此基础上开发出了RIPK1（苏氨酸蛋白激酶1）抑制剂，并已开展针对渐冻症、阿尔茨海默病等神经退行性疾病的临床试验。

近几年来，RIPK1 靶点成为各大药企投入的热门方向，多家大型药企采用袁院士团队的通路，进行药物临床试验。袁院士明确表示会全力支持我。我们也把一份病友捐献的脑组织和脊髓组织样本送到了她的团队，他们将投入宝贵的科研资源开展研究。

2022 年秋天，还有一个好消息：我们联系上了德国物理学家托马斯·赫尔曼多费尔（Thomas Herrmandörfer）和德累斯顿国际大学校长理查德·H.W. 丰克（Richard H.W.Funk）教授。几个月前，他们宣称用脉冲磁场来治疗受损的运动神经元，在实验中首次获得了成功，正在着手建立磁脉冲设备。当时这个消息一经发布即轰动全球，我也大为震撼。这意味着如果可以实现无创神经再生，那么我们体内那些凋亡的神经元就都有了希望。

我的第一反应是要联系上他们。

毕竟涉及跨国联络，我通过多个渠道询问都无功而返。后来我找到了一位在德国工作几十年的中国企业家，他联系到了德国国家实验室，顺利找到了这两位科学家。在团队协作下，我们双方进行了视频会议。他们说："蔡先生，我们看到你的故事后，为你振奋和感动。我们承诺加快推进！"

各种药物和治疗方式的效果都还需要继续观察，但科学家们毫无保留地支持和全力以赴地奋战，让我看到了希望。

美国作家唐纳德·R.基尔希曾在《猎药师》一书中提到，登月或研发原子弹也很复杂，但在这些领域的研发人员拥有清晰的科学规划和数学指引，而在医药领域，研发者需要在不计其数的化合物中反复筛选试错，并没有已知的等式或公式可以运用。医药研发者在病患把药吃进去之前，永远没法知道药的功效。

攻克渐冻症或许比登月还要难。有小伙伴笑称我们是"骑自行车上月球"，我不否认，的确是很难。在这么多国内外顶尖大脑的支持和帮助下，我们正把自行车改成汽车，汽车又有望改造成火箭，这样我们离登月还远吗？

不可能总会变成可能。

破冰直播

从2022年年初开始，我的许多努力做的都是自己"身后的"工作。除了投资基金，我发起或联合发起了4个公益基金。这4个公益基金分别是第二次冰桶挑战时发起的中国社会福利基金会渐愈公益计划，专门服务于遗体捐赠的渐愈关爱基金，北京科桥公益基金会，以及2022年8月成立的攻克渐冻症慈善信托。攻克渐冻症慈善信托是一个和诺贝尔奖一样可以永久续存的信托基金，如果我倒下了，它依然可以支持科学家和组织机构进行科研工作。我也希望它能够成为渐冻症领域的诺贝尔奖。

除此之外，我仍需要找到一个高效的、可持续的商业模式，让攻克渐冻症的事业能够持续下去，持续为之输血。

以我目前的身体状况和行动能力，去做金融、财资管理、房地产等领域的工作已不现实，哪怕我在这些领域专业能力强、资源丰富，挣钱概率更高。现有的药物科研工作已十分繁重，我的身体也逐渐恶化，很难抽出更多精力再去做那些工作。

深思熟虑过后，我决定尝试直播电商。

2022 年 7 月，我正式开设了抖音号，我会在抖音上和大家汇报我正在做的事情和药物研发的进展，也会分享我的职场经验和成长中的心得体会。我经常直播，把好消息第一时间告诉病友们，一个消息就是一份希望。我也在短视频中呼吁大家进行遗体捐赠，不厌其烦地鼓励大家捐出自己的脑组织和脊髓组织，为渐冻症的科研做贡献。

当时每月的视频播放量超过了 1200 万。更让我感动的是，我这个账号也成了更多渐冻症患者及其家属分享与表达的窗口。在评论区，我经常能看到患者及其家属留下的故事和心情，其中有遗憾、彷徨、无措，也有对我的支持和鼓励，最多的是企盼"奇迹"发生。这也更坚定了我的信心。凭借短视频平台如此活跃的用户流量，我的每一段有效内容的输出，都可能是给别人了解渐冻症创造一次机会，给患者及其家属一次生的期待。

从客观条件上来说，目前我已经丧失生活自理的能力，双腿、脖子等部位的肌肉也都在快速萎缩，连拿起手机处理信息、打字的能力都已经丧失，所以处理工作对我来说已经不是一件易事。我只能尽量发挥我目前尚未受到严重影响的说话功能，以短视频和直播的方式，通过镜头去表达，更高效地传播信息，更有效地拓宽信息传播的速度与边界。

说到直播电商，我本身在电商领域打拼超过 10 年，拥有充足的人脉资源以及专业的供应链管理能力，这些能力可以保证我为消费者找到更多物美价廉的产品，同时也能挣一些钱来持续地支持攻克渐冻症事业。如果直播品牌能够成功走上轨道，还可以交由团队打理，我本人后续不需要投入太多精力，不会影响药物研发工作。

2022年7月，我和团队开始筹备。直播品牌叫什么名字？我第一个想到的是"悟空购物"。

孙悟空是我这几年的精神寄托。过去喜欢孙悟空，是看个热闹，现在喜欢孙悟空是要从他的抗争精神里汲取能量。我过去20多年的网名一直叫"石头"，一颗普通又顽强的石头。我希望自己能像从这块石头里蹦出的神猴一样，即使在五行山下被压了500年，依然不服输，依然能石破天惊，打个天翻地覆。生病后，我就将微信头像改成了孙悟空，并且陆续买了三尊孙悟空的摆件。

第一尊孙悟空身着锁子黄金甲，盘腿闭目静坐，金箍棒横在腰间，仿佛正在积蓄力量。它像刚确诊时的我，初接触这个病，不停地去阅读文献、探索科研。

2021年我又买了第二尊，一个作战状态的齐天大圣。它左臂抬起，右手中的金箍棒垂立天地间，战甲外的披风被高高吹起，紫金冠上的一对凤翅似乎在颤动，威风凛凛，一副天不怕地不怕，跟一切要斗争到底的样子。那时的我也拿起了"金箍棒"，开始跟"妖魔鬼怪"作战，已经有几条管线看到了希望。

到2022年，办公室又添了第三尊墙壁浮雕的孙悟空。它头戴紫金冠，横持金箍棒，傲坐云端，凝视前方，仿佛惬意小憩；

紧蹙的双眉，又透着几分远望前路的坚定。这也是我希望自己后续能达到的状态：从容淡定，面对这个病，没有任何畏惧。

所以，想直播品牌名的时候，我第一个想到的就是"悟空"，可惜这个名字已经被注册过了。最终我们将直播品牌名定为"破冰驿站"。渐冻症把我们冻住，我们就要努力打破冰冻，攻克渐冻症。而这里就是攻克渐冻症的补给站，我们希望能通过直播收入，源源不断地为破冰事业输血，供给能量。

我们开始建团队，找主播，联系供应商。我们选择的都是一些大家日常所需的日用品和食品，因为之前没有销量，所以还拿不到最优惠的价格。虽然价格不一定是最便宜的，但品质是经过我们严格把关的。

筹备了两个月，9月21日晚上8点，我开始了自己的第一场带货直播。当时账号上只有23个粉丝，完全是冷启动，我也一度心里打鼓。

不管是疾病的"冰冻"还是账号的"冰冷"，这都是一场"破冰"之旅。

"直播间的朋友，你们好，我是渐冻症患者蔡磊，这里是破冰驿站直播间，一个支持渐冻症攻克的直播平台，这里的所得将全部用于渐冻症的科学研究和药物研发事业。"

我介绍了自己的背景经历、目前在攻克渐冻症上主要在做的事情，呼吁大家关注并支持。我身旁的助播则负责介绍商品信息，给大家推荐好物。

当时的我对直播规则还在摸索中，看到屏幕上有人刷礼物，还没反应过来。同事提醒说，这是观众的打赏。我赶忙说，请大家不要打赏，也不要购买自己不需要的东西，"一定是您用得着、有需求的东西再下单"。

我不希望卖惨，利用大家的同情心，让别人非理性消费。毕竟我们做直播的初心不是一锤子买卖，捞一笔走人，而是要把这个做成持续的事业，所以还是要符合商业逻辑。

"我想我还能够战斗，就用我们的能力和资源去努力，这在我心中是一项伟大的事业。虽然我的身体被'禁锢'住了，但我的头脑和语言能力还在，我希望发挥自己的价值，让大家少走些弯路。"

整场直播持续了两个小时，我一直坚持到下播那一刻。数据显示，当天的销售额为 79669.66 元，共有 7259 位观众进入直播间，其中有 14.4% 的用户下单购物。大部分订单来自我的朋友和病友。

从直播电商行业来看，这个数据完全不值得一提，但对我来说，其意义显然不是数据能够衡量的。它代表着我的"破冰"事业又往前迈了一步。而"破冰驿站"这个账号的粉丝数，从开播前的 23 个，两天后已增长到 1.2 万个。

那个国庆假期，我每晚 7 点准时开播，连续直播了 5 天，在线人数也从三位数慢慢上升，高峰时能破千。在自然流量下，这个增长速度还算合格，销售额也实现了稳步增长。

起初我们每周二、四、六晚上直播，到 11 月份改为一周直播 5 天。夫人的工作重心也慢慢转移到直播上，联系供应商、确定样品、甄别质量、分析销售数据、调整直播方案……后来她又担当起了主播的重任,每天几乎都要在镜头前不停歇地说三四个钟头。夫人学习能力很强,做什么都能特别快上手,不到一个月时间,她已经能够从容、熟练地推介商品,既有亲和力,又极富感染力。

现在我们的日程基本是,早上夫人帮我洗漱、穿衣服,吃完早餐,我俩一块步行至另一栋单元楼内的办公室,在一南一北两个房间里办公。上午的时间,她通常还要处理一些会计师事务所的工作,这一年她已经逐步放下了许多业务,但仍有一些暂时放不下、需要继续的项目。到中午12点,她就不得不停下手头的一切工作,开始准备晚上的直播事宜:选品、比价、做PPT、看数据、排品、管后厨、与商务沟通……马不停蹄地忙到晚上7点,直播也就开始了。晚10点下播后,她还要做直播复盘,一般到12点多照顾我睡下,自己再洗漱,入睡往往得到凌晨1点多。周而复始。

直播的一个意外收获是,我母亲的状态变好了。母亲一直在老家,我不想她太劳累,没有让她在北京照顾我。加上疫情这几年各地出行不便,我和母亲的见面时间也有限。母亲一直很担心我,但嘴上什么都不说。我是后来在一篇媒体采访中才知道,她虽然当着我的面若无其事,但背着我偷偷哭过好多次,后来慢慢发展到心情抑郁、失眠,不得不吃药缓解。自从我开始直播后,我哥说母亲在家每天晚上一定会准时打开手机,虽然她不会网上购物,但直播总是从头看到尾,聚精会神。而且每天不光能看到儿子，还能看到儿媳，她的笑容也比以前多了。

不过，直播道路仍然漫长。开播5个多月来，目前的直播收益相对科研投入，连"杯水车薪"都谈不上。

也有病友说我每天沉迷于直播带货，不花心思做科研了。每晚直播两三个小时，的确很占用时间。作为患者，我非常理解每一位病友面临的绝望。我们大部分患者的时间可能也就那么两三年甚至是几个月，说"分秒必争"一点都不夸张。尤其2022年年底的这场新冠病毒感染，上百位病友离开了我们，其中很多还一直状态不错。我很清楚，死亡距离我们每一位患者都非常近，我们要做的就是在这个短暂的生命时间拼命加快科研进程，让药物早一天用到我们身上。

一方面，科研很重要，但另一方面也是现实情况：没有钱怎么推动药物研发和临床试验？就说正在海南博鳌恒大国际医院进行的临床试验，每个患者每个月的用药成本高达20万元，二三十人每月就是数百万元。这些药物对患者都是免费的，那么这个钱谁来出？所以我们只能白天做科研，晚上做直播，夜以继日地为渐冻症筹集资金，希望通过商业直播间的形式去挣钱，可以持续支持科研工作。

很多病友不理解，认为直播间似乎和他们没有关系，这也一度让我很沮丧。起初我设想的上万名病友共同关注、转发、点赞来推广的场景，并没有出现。

经常有病友问我哪一天药会出来，我只想说，能早一天绝对不晚一天。药品能不能出来，什么时候能够提前到来，真的取决于我们自己的努力，我们要努力、拼搏，不要乞讨和等待。或许所有的努力都会失败，但即使是战死在这条路上，我也不要被疾病摧残而死。我别无选择。

可能大部分人依然在等待，没关系，战斗的人越多，我们就越有希望，生命救治速度也就越快。

同时我也没有停止呼吁科学家关注。2023年1月，我携手破冰驿站直播间、慈善信托和病友发起了"春雷"计划，再增加1000万元捐助用于渐冻症研究。资金主要来源为破冰驿站直播间所得和攻克渐冻症慈善信托，不足部分将由我个人及家庭提供。

该计划面向国内外的科学家和科研机构包括个人开放，大家都可以根据渐愈互助之家各媒体官方账号上公布的申报规则申报资金，用于渐冻症的基础研究、药物研发、创新医疗等科研项目。

在该计划宣传视频最后，我说："我们与时间赛跑，希望携手加快科研的突破，为生命救治增加希望。在诸多科学家、医学家和各界人士的持续努力下，我们坚信渐冻症终将被攻克。"

相信相信的力量

"这是爸爸！这是爸爸！"儿子指着公交站台上的广告牌兴奋地喊着。

2022年年底的时候，很多公交站台的橱窗都换上了中共北京市委宣传部首都文明办"为榜样点赞"的主题海报，上面列满了 2022 北京榜样年榜候选人的照片。儿子从六七十张照片中一下子就找到了我，还一直拿小手点着。

随着我的故事被报道得越来越多，我也得到了越来越广泛的社会关注。2022 年，我入选 2022 北京榜样月榜名单，评语标题是"自强不息，以渐冻之躯开启暖阳事业"，到年底又成为 2022 北京榜样年榜候选人。4 岁的儿子或许还不能理解什么是榜样，但看到爸爸的照片被展示出来，他有种本能的自豪。这让我很欣慰。

已经不记得上一次抱儿子是什么时候了。记得我手臂肉跳的时候，他还在妈妈的肚子里；我刚确诊的时候，他还只是个几个月大的"小肉墩儿"，现在已经成了一个古灵精怪的"小大人"。随着我的病情发展，抱他已经不可能了，我只能和他挨近一点儿就算是"抱"了。这最后一次创业，我每天不是东奔西跑，就是窝在办公室开会、看论文，晚上 12 点多回到家儿子早就睡了。他有时会抱怨："爸爸的病啥时候能好？啥时候才能带我玩？"

我说："爸爸得了一个非常难治的病，只有科学家才能治好爸爸。所以，你要好好学习，成为科学家，才能把爸爸的病治好。"

有一次阿姨和他聊天，问他长大后想做什么。他奶声奶气地说："我要把爸爸的病治好。"那天正好有纪录片记者在家里，我激动地喊摄影师，赶紧把这些片段录下来。

2023 年年初，我被评为 2022 中国慈善家年度人物。慈善盛典的颁奖礼，我携夫人和儿子一起走了红毯，一起上台领了奖。

夫人端着奖杯，儿子抱着证书，他们站在我身边。后盾，我想起刚确诊时夫人对我说的那个词，4年来，她和儿子一直扎扎实实地做着我的后盾。证书在儿子手里显得硕大无比，几乎遮住了他整个上半身。他左手攥着我的手指，只能努力地用右手把证书按在胸前，抬腿兜住，不让它滑落。妈妈见状要帮忙拿，他还执拗地不肯撒手。

2019年年底刚确诊时，我最担心的是两三年后自己不在了，儿子才不到三岁，对他爸爸完全没有记忆。每次想到这里，我心里就像被挖去了一块儿，而现在我不担心了。在冰桶挑战现场，在有着爸爸照片的"北京榜样"公交站台，在2022中国慈善家年度人物的颁奖台上，他都能感受到社会对爸爸的认可。我相信他长大后，哪怕我不能再陪在他身边，这些有限的和无限的记忆，都能激励他、引导他成为一个有价值的人，一个被社会认可的人。

希望他以后想起我时，会微笑，会自豪，不会痛苦。

除此之外，我还被评为2022凤凰网时尚盛典年度公益人、凤凰网行动者联盟2022年度十大公益人物和年度最具网络人气公益人物。2022年年初，凤凰卫视拍摄的纪录片《渐冻人生》，获得了2022年曼谷国际短篇纪录片奖最佳短篇纪录片奖、第28届中国纪录片短片十佳作品。

每一份荣誉都让我心怀感激，都代表着社会的认可和鼓励。获奖时曾有一家媒体采访我，让我用一个词来形容我的2022年。

我说："希望。"

2022年是我病情进展最显著的一年。年初左臂无法平举，年中发现右臂也抬不起来了，且一直被我称为"工作手"的右手，手指也一根根倒下。因为无法点击手机屏幕，也已拿不住触控笔，所以鼠标和电脑成了我最重要的工具。要操作鼠标，我需要用右肩膀摇动胳膊，再由胳膊带动右手，被右手覆盖的鼠标就能小幅移动。到11月份，我的右手食指还能轻轻点击鼠标左键，一个多月后食指也失去了力量。我只能改装成脚踩装置来操作鼠标，在电脑上一下下点击键盘上的字母回复信息。四肢的肌肉加速消失，在皮肤表面留下一道道坑洼。更难的是，说话开始费劲了，发音慢慢含糊，以前讲一遍就能语音识别，现在总要讲好几遍。吃东西时，普通大小的汤圆变得难以下咽，我知道这是喉部肌肉逐渐萎缩的结果。买来后一直没拆封的呼吸机被拿出来使用了，虽然极不舒服，但也许在不久之后就会成为我的日常。

2022年，很多人遭遇了痛苦乃至绝望，对我们这些渐冻症患者来说，这不是一般的绝望，而是绝对的绝望。我也第一次体会到了接近死亡的一刻。

年底席卷而来的新冠病毒感染，我和团队20多个小伙伴全部中招。夫人比我烧得还厉害，卧床不起，非常难受。我立马和同事联系：

"护理能不能赶紧上岗，到家里来照顾我？"

"护理发烧了……"

"那能不能请中介再推荐一个护理来？"

"中介也在高烧,不能工作……"

因为所有人都倒下了,我也不忍心去唤醒高烧昏睡的夫人,一天晚上我躺在床上 10 多个小时,滴水未进。更可怕的是,病毒感染使我咽喉里持续有黏痰,有一次我竭尽全力想把痰咳出来,结果痰卡在那里,上不来也下不去,几近窒息。卡痰窒息是渐冻人常见的致死原因,救命的时间不超过几分钟。当时我正坐在窗边,看着外面的一草一木,心想:这就是我人生最后看见的景象了。幸好夫人及时发现,赶紧给我端来水,教我如何舒缓和放松,我才慢慢缓过来。

但我始终相信,每一个绝望的背后都有希望在闪光。回顾 2022 年,我推进了遗体和组织样本捐赠,搭建了最大的肌萎缩侧索硬化病理科研样本库,设立了公益基金与慈善信托,对早期科研给予了持续资助,推动了多条渐冻症药物管线的建立,完成了以小时为单位的极速临床招募,开启直播以对"破冰"事业持续支持……

我对夫人说,我现在完全接受死亡了。尽管三年前我就已经开始接受死亡,但说实话,内心还是会有遗憾,但现在我可以没有一点儿遗憾地安详离去。为什么?因为我已经做了所有我应该做和我能做的事。

有网友评论说,这是一个自救与救人的故事,我不能说不对,只是它并非事实的全部。2019 年 11 月启动这"最后一次创业"的时候,我并没有想过能自救,毕竟三年左右的时间等到突破性的药物无异于异想天开。那时的我只想利用自己的专业能力、资源优势，包括多一些呼吁和宣导，为加速攻克渐冻症疾病做一点事。然而在这个过程中，越努力，就越能看到希望，越觉得说不定真的能帮到自己，甚至能把自己救活。

所以，相信相信的力量。不是有希望才去努力，而是因为努力，才看到了希望。

追光的人

2023 年 1 月 6 日，我在办公室楼下等待一位新朋友。说是新朋友，我们通过之前一个多月的线上交流，又仿佛已经非常熟悉了。他就是华大集团 CEO 尹烨。

尹烨先生不仅是企业家，也是生命科学家，我是他科普视频的粉丝。华大集团又是我国基因行业的奠基者与引领者，所以我一直期待能与尹烨一起探讨渐冻症。2022 年 11 月，通过朋友介绍，我们加上了微信。尹烨非常热情，他通过媒体报道了解了我的经历，非常认同我做的事情，我们相约一定要见面。由于疫情，这个见面一直拖到了 2023 年 1 月，他从深圳飞到北京来见我，这让我非常感动。

当时我虽然已经感染新冠病毒后康复快两周了，但还总是咳嗽，说话和体力远没有恢复，尹烨告诉我他因为专门打了针对奥密克戎 BA.4、BA.5 的 mRNA 疫苗，至今没有感染。他笑着说，幸亏华大不做疫苗，否则别人又要说他是有意给疫苗带货了。

说到疫情，可能很多人不知道，其实国内最早对新冠病毒进行样本检测的机构就是华大。后来，华大又第一时间组织科研人员进行科研攻关，对于疾病的预警、控制做出了很大的贡献。

尹烨说："今天我们到了一个工业革命的高潮，正在迈向一个生命世纪、生命经济。尽管疫情带来了很多苦难，但换一个角度想，应该说它给全民做了一次科普，是一次关于生命科学的'文艺复兴'。"

的确，如果说20世纪学物理是最酷的，21世纪学生命科学就是最酷的。这也是目前的研究让我兴奋的原因。

当然，兴奋的同时也有挫败，毕竟罕见病的救治方法太少，筛查观念比较落后，诊断难度大，没法做到精准检测。正如尹烨所说，没有精准诊断，肯定就是步步惊心；如果有精准诊断，就能实现精准治疗。

对渐冻症来说，精准治疗似乎还无比遥远，目前我们甚至连病因都没搞明白。我试着和尹烨讨论："渐冻症90%以上是散发的，有没有可能通过华大先进的基因技术，为患者形成规模化的基因分析，形成大数据，从中有可能发现一些共同点，或是发现这个病治疗的新的靶点？"

"这事马上就可以干，我现在就答应你。只要能够组织这些病友，检测我们来负责。"尹烨直接说。

我没想到会这么顺利。"那太好了！组织病友没问题。"我们有世界上最大的渐冻症患者平台，此时再次显现出其作用。

紧接着尹烨又补充了一句："这个检测我和华大来赞助吧。比如咱们先做100个人，之后再逐渐扩大到1000个、10000个人。"他爽快得让我有那么一秒甚至没反应过来。目前全基因组检测的市场价是每人数万元人民币，对广大病友来说这是个不小的负担。即便按一个人一万元来计算，100个人就是100万元，10000个人就是一亿元，这可不是个小数目。

如果能完成数千甚至一万个病友的基因检测，我们将形成世界上最大的渐冻症患者基因库。

我当时满脑子都是开心的惊叹号。后来看视频，我发现当时自己连说了六七句"太好了"，激动之情无以言表。我感谢他给我们所有病友带来这么大的好消息。他说："这应该是你带来的。只要能把患者组织起来，剩下的事就好办了。只要我们有一批人带头进去，一定会有更多人跟进来。"

尹烨一诺千金。那次会面结束后，他立即拉工作群，推进给病友免费基因检测的事，而且是提供全基因组的基因检测服务。华大寄来了检测包，我们病友只要把唾液包按要求寄送回去就可以，非常便捷。我感激能有这么多有担当、有爱心的企业家愿意伸出援手，就像尹烨说的："你说要'打光最后一颗子弹'，但这颗子弹会形成撞击，产生裂变，唤起更多的社会群体参与进来，共同解决。"

"我不知道这场抗争能不能成功，但我们互联网创业者常说一句话，拼不一定活，不拼一定死。"

"蔡总，其实你已经成功了。你给很多人树立了一个楷模，也许上天派你来这一世，就是来做这件事的。"

这次对谈视频全网播放量超过一个亿，在社会上引起广泛传播。最开心的是，能遇到这样志同道合的战友，不推脱，不拖延，还全力以赴帮助我和广大的渐冻症病友。

那天我还带尹烨参观了我们的直播间。他感慨道："一个人的力量固然小，但是汇涓成流、聚沙成塔。万物皆有裂痕，那就是光照进来的地方。蔡磊先生是一个追光的人，所以他必将身披彩虹。"

从商业公司高管到渐冻症患者，从普通病友到渐冻症救治项目发起人，他的身体在萎缩，但斗志从不退却。驰骋商界，对抗疾病，他总是把自己定位为"解决问题的人"。全中国 10 万名渐冻症患者，每年死亡 2 万，他要为自己、为他人奋力一搏，所以，他要进行人生最后一次创业，推动渐冻症药物研发，甚至宣誓打光最后一颗子弹，将遗体捐献给科研。只要一息尚存，就在人生道路上激情奔跑，无所畏惧，向死而生。

　　——2022 中国慈善家年度人物颁奖词，2023 年 2 月 28 日

后记

每次接受完采访,我都会和记者朋友再叮嘱一句:希望媒体能够多宣传一下渐冻症,为渐冻症群体发声,为罕见病群体发声,让这些残酷的疾病被更多的医学家、科学家和社会各界关注。

写这本书的初心也在于此。当然,我更希望我的经历和努力能为那些正身处生活和工作中各种困境的人带来一点点力量。生活充满了意外,或者说,生活就是由一系列意外构成的——意外的失败、意外的艰难,也有意外的收获、意外的馈赠。我们唯一能决定的就是选择相信什么。

人的坚强和脆弱都超乎自己的想象。我会对着媒体、对着合作伙伴坚定地描绘渐冻症攻克的蓝图,也会在病友完成遗体捐献后,一个人躲进房间泪流满面。说实话,我担心过把自己生病后窘迫难堪的经历讲出来,因为那样会显得我狼狈无助、有失体面,尤其是透露自己身体不断下滑的境况,可能更没有人敢跟我合作了。但没关系,只要能多让一个人了解并关注到罕见病群体，多一次可能的研发资源投入，我们广大病友得救的希望就会增加一分。

为保护隐私，书中出现的所有病友均为化名，不过那些焦灼和期待、那些努力和抗争、那些赴死和求生，都是真实的。跟彼得 2.0 对话时，他曾问我是否怀念过去。我说，我还没有时间怀念，战斗还远没有结束，我还在路上。

我并不是一个人在战斗。除了广大病友们，我身后还站着最坚定的"破冰"亲友团。夫人一直以来对我不离不弃，为我的"折腾"无条件地支持和付出，在生活和工作上做出巨大牺牲。原谅我平时不善用言语表达，在我心里，你和儿子是我坚持下去的最大动力。儿子虽然才 4 岁，但对我这个无趣的、不会陪他玩的爸爸给予了无限的包容，我笑称他是我年龄最小的助理。是这个"小不点儿"让我对生命充满期待，给了我步履不停的勇气和决心。父母从小对我严格教育、辛苦培养，让我受益终身。现在不能在母亲身旁尽孝，我心存愧疚，哥嫂多年对母亲的照料让我安心、放心，感谢你们的付出和对我的大力支持。感谢岳父岳母把女儿培养得这么好，对我和孩子也照顾得无微不至，保障家庭大本营踏实牢固，让我能全力扑在抗击渐冻症的事业上。感谢所有亲属的关心爱护。

感谢京东集团，包括京东零售、京东健康、京东科技、京东物流等板块的领导和同事对我的关切和支持，感谢大象慧云、益世商服、云京科技、"互联网＋财税"联盟、爱斯康医疗科技、破冰驿站等的兄弟们跟我一起坚守阵地，并肩奋战，不言放弃。

感谢中信出版集团刘淑娟、周家翠、范虹轶，特约策划石北燕以及《新理财》杂志记者滕娟的大力支持，她们确保了这本书的顺利出版。感谢政府、社会对于罕见病和科研事业的关注和支持。社会各界给我的帮助实在太多，我将在《致谢》中一一鸣谢。是你们的鼎力相助，让我走到了今天。

最近家里添了第四尊孙悟空，是朋友送我的。这个孙悟空表情轻松，右腿惬意地提起，两只手腕随意扣在后颈横着的金箍棒上，神采奕奕，逍遥自得。

我相信，这就是我和病友们未来的状态——面带笑容，胜利归来。

致谢

这三年多来，我得到了太多科学家、医学家、企业家、投资机构、公益组织、新闻媒体及各界爱心人士的支持和帮助，不胜感激，在此一并致谢。排名不分先后。

感谢中国科学院周琪院士、段树民院士、王以政院士、苏国辉院士、王松灵院士、李劲松院士，中国工程院俞梦孙院士、付小兵院士、张学院士、田金洲院士，美国艺术与科学院院士、美国国家科学院院士袁钧瑛，欧洲科学、艺术和人文学院院士赵春华，法国国家技术科学院院士、法国国家医学科学院外籍通讯院士韩忠朝，北京中医药大学校长徐安龙，北京大学干细胞研究中心主任邓宏魁，中国科学院再生医学研究中心主任戴建武，暨南大学粤港澳中枢神经再生研究院教授陈功，中国科学院分子细胞科学卓越创新中心研究员陈玲玲，中国科学院微生物研究所研究员孟颂东，美国加州大学洛杉矶分校教授卢云峰，清华大学药学院教授鲁白，清华大学医学院教授贾怡昌，中国科学院广州生物医药与健康研究院前院长裴端卿，北京大学医学部药学院前院长刘俊义，南京大学生命科学学院院长张辰宇，中国医学科学院药物研究所前所长王晓良，清华大学生命科学学院教授杨茂君，重庆中国药科大学创新研究院院长孙宏斌，四川省医学科学院、四川省人民医院教授乐卫东，美国梅奥医学中心医学院神经内科系副教授伍龙军，首都医科大学北京神经科学研究所副所长李晓光，汉氏联合研究院执行院长冯春敬，河北医科大学段伟松博士，解放军总医院第五医学中心消化内科主任邱泽武，广州医科大学呼吸疾病国家重点实验室教授苏金，北京协和医院院长张抒扬，中国医学科学院药物研究所原党委书记陈晓光，天坛医院院长王拥军，天坛医院副院长王伊龙，复旦大学附属华山医院院长毛颖，北京中医医院院长刘清泉，北京中医药大学东方医院院长刘金民、北京中医药大学东直门医院脑病中心主任高颖，潍坊医学院特聘教授、附属医院麻醉创新睡眠诊疗中心专家安建雄、北京大学第三医院神经内科主任樊东升，北京协和医院神经科主任朱以诚，北京协和医院神经病学系主任崔丽英，北京协和医院神经科主任医师刘明生，解放军总医院第七医学中心（陆军总医院）神经外科副主任医师张洪钿，以及关心我的上百名中西医医生。感谢你们在我最迷茫的时候，给予我帮助和指导，在此表达最诚挚的谢意。

感谢"人民英雄"国家荣誉称号获得者、湖北省卫生健康委员会副主任、武汉市金银潭医院前院长张定宇，新东方教育集团创始人、董事长俞敏洪，盛大网络董事会主席、CEO/天桥脑科学研究院创始人陈天桥，奥运冠军邓亚萍，御风集团董事长冯仑，华大集团 CEO 尹烨，凤凰网 CEO/凤凰卫视 COO 刘爽，亚布力中国企业家论坛理事长、泰康保险集团创始人陈东升，亚布力中国企业家论坛创始人、主席田源，亚布力中国企业家论坛秘书长张洪涛，搜狗创始人、CEO 王小川，易到创始人、原 CEO 周航，原中央电视台主持人、资深媒体人郎永淳，水滴筹 CEO 沈鹏，等等。你们的鼓励和支持都让我铭记在心。

感谢中石化原董事长傅成玉，百济神州总裁吴晓滨，金蝶集团董事会主席兼 CEO 徐少春，嘉道资本董事长龚虹嘉，经纬中国的创始管理合伙人张颖，启承资本创始合伙人常斌，奇霖传媒创始人武卿，长江商学院副院长张晓萌，医渡云董事长宫如璟、原 CEO 张实，水木未来董事长郭春龙，呈诺医学董事长顾雨春，泛生子联合创始人王思振，中国器官移植发展基金会理事长赵洪涛，公安部第三研究所党委书记朱任飞，中央财经大学党委书记何秀超，中央财经大学原校长王瑶琪，中央财经大学党委副书记梁勇，中央财经大学副校长马海涛，中央财经大学原副校长史建平，苏州大学原副校长杨一心，苏州大学副校长沈明荣，原瑞丽市副市长、作家戴荣里。感谢各界朋友的深切关怀和热心帮助。

感谢北京协和医院，北京大学第三医院、北京大学医院、北京大学第一医院、天坛医院、华山医院、北京大学国际医院、华中科技大学同济医学院、中日友好医院、宣武医院、中国人民解放军空军军医大学、中国人民解放军总医院（301 医院）、中国人民解放军第三○五医院，解放军总医院第五医学中心，南方医科大学南方医院、上海交通大学医学院附属瑞金医院、北京市第一中西医结合医院、朝阳医院、宜昌市第一人民医院、中国人民解放军海军军医大学、北京中医药大学东方医院、中国人民解放军空军总医院、中国人民解放军总医院第七医学中心（陆军总医院）、北京清华长庚医院、哈佛大学医学院、梅奥医学中心等。

感谢华大集团、药明康德、百济神州、百图生科、北京神舟细胞、上海医药集团、达尔文细胞生物科技、中美瑞康、宜明细胞生物科技、佛山热休生物、辉大基因、福贝生物、士泽生物、优脑银河、华夏生生药业、艾尔普再生医学、汉麻集团、喜鹊医药、博雅基因、锦篮基因、北京伽拓医药、九天生物、荣昌生物制药、挚盟医药、医渡云、昂朴生物、江苏恩华药业、中科灵瑞、霍德生物、百奥赛图、南模生物、汉氏联合、银谷生物、维亚生物、泽桥医疗、九芝堂美科、麻省医疗国际、康码生物、赛业生物、恒峰昊瑞生物科技、枢密科技、艾凯生物、海南诺倍尔生物科技、云舟生物、绿色金可、协和生物集团、派真生物、中晶生物、普佑生物、贝来生物、绿谷医药科技、赛傲生物、伟德杰生物、卓凯生物、精济生物医药、希诺谷生物、航天神州生物科技、南京艾美斐生物医药、鼎智生物医药、曙方医药、嘉因生物、普锐生物、普美圣医药、睿健医药、妙手医生、信念医药、商汤科技、贝赛尔特生物、丹序生物、安龙生物、博瑞康科技、大兴生物医药产业基地等。

感谢中金资本、高瓴资本、红杉资本、高榕资本、优山资本、鼎晖投资、斯道资本、盛大中医药和高科技投资、源来资本、星汉资本、华夏幸福、浦银国际、北京亦城合作发展基金会、天星资本、长安信托、盛世太和控股、时真资本、IDG资本、九鼎投资、高朋资本、九弦资本、天弘基金、中国国新基金、凡卓资本、诺亚财富、北京中财龙马资本、中国医药集团、华德国际金融控股、中植资本、新湖财富、京华世家信托、四季和中、君联资本、健一会、中关村天使投资协会、凯乘资本、中富资本、从容投资、经纬创投、华盖资本、三行资本、一村资本、九坤投资、中海创投、毅达资本、上海信隆行信息科技股份、丹麓资本、德银信托、中翔集团、港湾国际控股、华润医药产业投资基金、中国智慧控股、中信集团、国美控股集团、字节跳动、抖音、今日头条、联想集团、中国医药健康产业股份公司、春雨医生、行知丝路研究院、极易电商、中国航天科工集团、腾讯医疗健康、万科地产、信达地产、世贸地产、TCL集团、三星集团（中国）总部、中石油集团、航天信息股份有限公司、德勤、普华永道、毕马威、安永、中国中小商业企业协会、中国中小企业协会、亿家老小医疗、亚布力中国企业家论坛等。

感谢中国社会福利基金会、中国器官移植发展基金会、白求恩基金会、陶行知教育基金会、中国宋庆龄基金会、中国生命关怀协会、中国社会工作联合会、中国信息协会、北京京东公益基金会、上海生物医药基金、上海健康医疗产业基金、北京慈善基金会、中国健康促进基金会、德中文化交流基金会、苏州隆门创投基金、诺贝尔奖获得者科学联盟、创享智库、北京市委宣传部北京榜样组委会、北京市科委、中央财经大学校友总会、商丘第一高级中学校友会、哈佛大学校友会、腾讯公益、微博公益、亚洲品牌集团、中国税务学会、中国国际税收研究会、中国国际商会、中国财政部科研所、国务院发展研究中心、杭州市卫生健康委员会、中华人民共和国财政部、中华人民共和国商务部、国家税务总局及全国各地税务机构、公安部第一研究所、公安部第三研究所、全国卫生产业企业管理协会、国家药品监督管理局食品药品审核查验中心、中国营养保健食品协会等。

感谢北京大学医学部、清华大学生命科学学院、清华大学经济管理学院、清华大学医学院、清华大学药学院、中国药科大学、北京中医药大学、首都医科大学、广东药科大学、中国人民大学、北京大学经济与管理学部、中央财经大学、中财龙马学院、首都经贸大学、长江商学院、高山书院、清华大学公益慈善研究院、中国科学院电工研究所、中国科学院上海分院、中国科学院生物与化学交叉研究中心、中国科学院动物研究所、中国科学院自动化研究所、中国科学院微生物研究所、中国科学院上海微系统与信息技术研究所、中国科学院干细胞与再生医学创新研究院、中国科学院干细胞与再生医学研究院、浙江大学医学院、复旦大学生命科学学院、暨南大学生命科学技术学院、暨南大学粤港澳中枢神经再生研究院、北京师范大学认知神经科学与学习国家重点实验室、上海科技大学、北京化工大学生命科学与技术学院、北京大学医学部技术转移办公室、苏州大学、中国科学院大学生命科学学院、北京航空航天大学大数据精准医疗高精尖创新中心、香港浸会大学中医药学院等。

感谢人民网、新华网、央视新闻《新闻调查》、央视新闻

《相对论》、央视社会与法频道《道德观察》、央视社会与法频道《生命线》、央视科教频道《人物》、央视科教频道《健康之路》、央视财经频道《职场健康课》、央视亚洲频道、中国国际广播电台、光明网、中国经济网、中国新闻网、中国新闻周刊、《中国青年报》、学习强国、中国网、《华夏时报》、彭博新闻社、凤凰卫视、凤凰网、北京电视台新闻中心、北京广播电视台、东方卫视、上海教育电视台、澎湃新闻、《健康报》、《南方都市报》、《新周刊》、《经济观察报》、腾讯新闻夏至工作室、腾讯新闻谷雨实验室、腾讯医典、腾讯新闻小满工作室、新浪、新浪微博、网易、梨视频、新京报《剥洋葱》栏目和《出圈》栏目、《钱江晚报》、红星新闻、《中国慈善家》杂志、《经济》杂志、《社会与公益》杂志、《中国民商》杂志、《南风窗》杂志、"医学界"、八点健闻、动脉新医药、时代财经、紫金财经网、雷锋网、播客节目《跑题大会》、"诚医汇"等。感谢所有媒体的关注和报道。

关心我、支持我的人还远不止这些，在此表达我诚挚的感谢，也向社会中所有不吝向他人伸出援手的善良的人致敬。